国防科技知识大百科

短兵相接——轻武器

戈省 主编

西北工业大学出版社
西 安

图书在版编目（CIP）数据

短兵相接：轻武器 / 田战省主编. — 西安：西北工业大学出版社，2018.12
（国防科技知识大百科）
ISBN 978-7-5612-6395-2

Ⅰ. ①短… Ⅱ. ①田… Ⅲ. ①轻武器–青少年读物 Ⅳ. ①E922-49

中国版本图书馆 CIP 数据核字（2018）第 270273 号

DUANBING XIANGJIE — QINGWUQI
短兵相接——轻武器

责任编辑：李文乾　　策划编辑：李　杰
责任校对：刘宇龙　　装帧设计：李亚兵
出版发行：西北工业大学出版社
通信地址：西安市友谊西路 127 号　　邮编：710072
电　　话：(029) 88491757，88493844
网　　址：www.nwpup.com
印 刷 者：陕西金和印务有限公司
开　　本：787 mm × 1 092 mm　1/16
印　　张：10
字　　数：257 千字
版　　次：2018 年 12 月第 1 版　　2018 年 12 月第 1 次印刷
定　　价：58.00 元

Preface 序

国防，是一个国家为了捍卫国家主权、领土完整所采取的一切防御措施。它不仅是国家安全的保障，而且是国家独立自主的前提和繁荣发展的重要条件。现代国防是以科学和技术为主的综合实力的竞争，国防科技实力和发展水平已成为一个国家综合国力的核心组成部分，是国民经济发展和科技进步的重要推动力量。

新中国成立以来，我国的国防科技事业从弱到强、从落后到先进、从简单仿制到自主研发，建立起了门类齐全、综合配套的科研实验生产体系，取得了许多重大的科技进步成果。强大的国防科技和军事实力不仅奠定了我国在国际上的地位，而且成为中华民族铸就辉煌的时代标志。

“少年强，则国强。”作为中国国防事业的后备力量，青少年了解一些关于国防科技的知识是相当有必要的。为此，我们编写了这套《国防科技知识大百科》系列丛书，内容涵盖轻武器、陆战武器、航空武器、航天武器、舰船武器、核能与核武器等多个方面，旨在让青少年读者不忘前辈探索的艰辛，学习和运用先进的国防军事知识，在更高的起点上为祖国国防事业做出更大的贡献。

Foreword

前言

轻武器是最重要的单兵武器，也常常被称为“轻兵器”。它主要的装备对象是步兵，也广泛装备于其他军种和兵种。轻武器的主体是枪械，还包括一些能由士兵单独携带前进的炮弹。这些武器的主要特点是重量轻、体积小，多数能单独使用，可以由单兵或战斗小组携带着行军，让士兵们能卸下负担，轻装上阵。

枪械是步兵的主要武器，也是其他兵种的辅助武器。无论是手枪、冲锋枪，还是狙击步枪和特种枪等，都是枪械家族的优秀成员，也是兵器库中的宠儿。这些枪械曾在大大小小的无数战争中发挥了重要的作用，随着战场形势的不断变化，它们的种类和技术也在不断发展变化着。

在这本书中，我们以通俗易懂的语言和大量精美的图片，全面介绍了手枪、步枪、机枪、冲锋枪等枪械，以及霰弹枪、榴弹发射器和火箭筒等其他轻武器的相关知识。希望借此让青少年读者对轻武器有一个全面的认识与了解，扩展大家在武器方面的知识。

现在，就跟随本书一起进入轻武器的世界吧！

目录

Contents

轻武器简史

手　枪

步　枪

机　枪

冲锋枪

其他轻武器

轻武器简史

在人类文明出现以前，战争就进入了人类生活，并对社会的发展起了很大的作用。石头和棍棒是最原始的兵器，到青铜兵器大量应用时，金属兵器将人类带入刀光剑影的时代。经过了冷兵器时代，火药的发明推动着热兵器时代的到来，战争逐渐从原始的肉搏转变为机械化的对抗。从早期简单的火器到现代各种各样的枪械，出现了很多类型的轻武器。这些轻武器经历着更新换代的变革，在威力和作战效能等方面也都有着翻天覆地的变化。

冷兵器时代

当文明的曙光开始照耀人类社会的时候，战争也出现在人类社会活动中。随着社会的发展，兵器的发展也在不断前进，冷兵器是人类使用时间最长的兵器种类，至少有数万年历史。通常狭义上，冷兵器是指不带有火药、炸药或其他燃烧物，在战斗中直接杀伤敌人，保护自己的近战武器装备；而广义上，冷兵器则指冷兵器时代７所有的作战装备。

发展阶段

冷兵器是人类社会发展到一定阶段才出现的，它经历了石兵器、青铜兵器和钢铁兵器三个发展阶段。石兵器是随着军队的诞生而出现的，铜兵器是石兵器向青铜兵器过渡的中间阶段，青铜兵器时代和钢铁兵器时代是冷兵器的鼎盛时代。

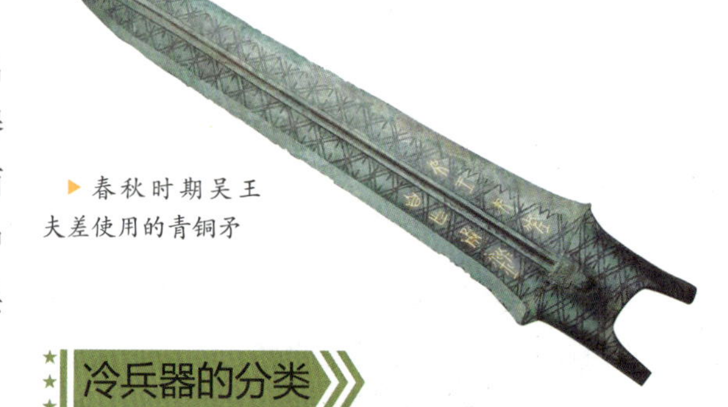

春秋时期吴王夫差使用的青铜矛

寻根问底

冷兵器被取代后还有用武之地吗？

正如金属兵器取代石制兵器一样，经过二百多年的发展，热兵器逐渐取代了冷兵器。冷兵器的时代结束了，但在奥运会或其他运动会上，冷兵器时代的一些武器却获得了新生，比如击剑比赛等。

冷兵器的分类

冷兵器按材质分为石、骨、蚌、竹、木、皮革、青铜、钢铁等兵器；按用途分为进攻性兵器和防护装具，进攻性兵器又可分为格斗、远射和卫体三类；按作战方式分为步战兵器、车战兵器、骑战兵器、水战兵器和攻守城器械等；按结构形式分为短兵器、长兵器、抛射兵器、系兵器、护体装具、战车和战船等。

在人类历史的发展过程中，冷兵器主宰战场的时间要远远大于热兵器

弓箭

主要远程兵器

弓和弩是冷兵器时代主要的远程兵器。弓出现大约3万年了，弓箭在远古时代就是人们狩猎时不可缺少的工具。在中国，弓箭很早就得到了发展，弓的种类也十分丰富。弩是在战国时代才出现的一种远程冷兵器，它是在弓箭的基础上发展而来的。这种致命的武器传入欧洲以后，以其巨大的威力而很快被人们接受。

重要的防具

在冷兵器时代的早期，一些动物的皮甲和木制的盾就是最早的防具——盔甲。盔甲的出现在一定程度上减弱了劈砍武器的威力，青铜盔甲的出现使棍棒类武器的杀伤效果大减，并导致这类武器最终离开战场，同时加快了钢铁武器的发展。盾牌也是冷兵器时代很重要的防具，多为手持防具，形状有长方形、梯形或圆形，材料为皮革、木材、藤条或金属等。

两名身穿盔甲、手拿盾牌和剑的勇士在搏斗

战车和战船

很早以前就已经出现了战车和战船。虽然在冷兵器时代，战车和战船出现在战场上的机会不多，但是它们在仅有的几次战争中依旧发挥着不小的作用。古代两河流域的苏美尔人是世界上最早使用战车的人，在距今大约5500年前，两河流域就有了简陋的战车。在中国，船最初只用于载人载物，到了春秋末期，南方各国由于河流湖泊众多，于是建立了水军，随之出现了战船。在古代西方，由于各国濒临地中海，经常要跨海作战，所以各国也很重视战船。

公元前480年的希腊三层桨战船

火器的出现

火器又叫热兵器，是指一种利用推进燃料快速燃烧后产生的高压气体推进发射物的射击武器。大约在北宋初年，火药武器开始用于战争。从此，在刀光剑影的战场上，又升起了弥漫的硝烟，传来了火器的爆炸声响，开创了人类战争史上火器和冷兵器并用的时代。当火器技术传播到欧洲以后，经过多次改进，火器终于取代了冷兵器。

火药的发明

火器的发明和应用离不开火药的发明。众所周知，火药是中国"四大发明"之一，在人类科技史上，火药的发明占有重要的地位。中国古代炼丹术士在长期与火打交道的过程中，无意中发现了火药。后来，火药技术被传到了欧洲，有了很大发展。这些先进的火药技术加快了火器的发展步伐，也促使人们在实战中发展新的战术。

▲ 火药

▲ 中国人最早将火药应用于战争

会喷火的武器

火药发明后，被用来制造一种会喷火的武器，这是火药在军事上的最早应用。中国自宋朝以后，火药制作技术发展迅速，并逐步用于战争。到明代后期，火球类火器又有增多，主要有神火混元球、火弹等毒杀性火球，烧天猛火无栏炮、纸糊圆炮、群蜂炮、大蜂窝、火砖、火桶等燃烧和障碍性火球，万火飞沙神炮、风尘炮、天坠炮等烟幕和遮障性火球。

新式火器

除了北宋初年创制的火球和火药箭等初级火器之外，南宋时期又创制了铁火炮和竹制、纸制的火枪。火枪的创制和发展，是南宋初级火器发展的又一重要成果。它的最初制品是能喷射火焰烧毁敌人的大型攻城器械——"天桥"的长竹竿火枪，后来又创制了"突火枪"。突火枪的研制将燃烧性火器过渡到管形射击火器，为金属管形射击火器——火铳的创制奠定了基础。

▲ 竹管突火枪是世界上最早的管形射击火器

▲ 中国人发明的火铳到了欧洲之后，成了战场上杀敌的利器。火铳的广泛使用，使得战场上一片混乱

火绳枪炮

火铳的大量制造和使用，也引起中国古代军事方面的大变革，几乎超越了以往冷兵器时代的所有变革。后来，火铳的弊端开始体现出来，人们便尝试着改变现有的火铳，于是就出现了火绳枪。到了 16 世纪初叶，葡萄牙人又把火绳点火发射弹丸的枪炮带到了印度、日本和中国，把火绳枪炮的研制推进一个新的发展阶段。

使用最频繁的武器

从火器出现到今天，枪械的发展经历了数百年的风雨。自火绳枪开始，西方人先后发明了燧发枪、击发枪等一系列枪械，现代枪械包括手枪、步枪、机枪、冲锋枪和特殊枪支等。无论是哪一种枪，其工作原理基本上都是一样的，都是利用火药爆炸产生的推力推送子弹。这些种类不一的枪械在不同的领域内发挥着巨大的作用，成为使用最频繁的武器。

聚焦历史

明朝时期，明军在反击葡萄牙舰船的挑衅时，缴获了一些火绳枪（又称鸟嘴铳、鸟铳或鸟枪）。由于火绳枪具有很多优点，所以明代的军器局和兵仗局就开始仿制，并改制成多种形式的鸟枪，开创了中国仿制外来枪炮的先河。

火枪长弓之争

弓箭作为一种冷兵器时代常用的武器，曾在战场上发挥过巨大作用，但是当火枪的优势越来越明显时，弓箭的地位岌岌可危。16 世纪，英国议会展开了一场关于火枪和弓箭的辩论。这场辩论之后，英国颁布了《终止长弓法令》。这项法令的颁布，宣告英国彻底结束了冷兵器时代。火绳枪开始取代延续了千年的弓箭，作为新型的军队制式装备。

弓箭的地位

弓箭是以弓发射具有锋刃的箭的一种远射兵器，它是古代兵车战法中的重要组成部分。对于欧洲来说，长弓作为一种远程攻击武器，曾经一度成为战场的远程杀伤之王。即使是十字弓和铠甲骑士也都无法对抗。

弓箭最初是贵族们狩猎的工具

燧发枪

早期的火枪

其实，早期的火枪和弓弩相比并没有什么优势可言。早期的火枪在战斗中仅仅作为冷兵器作战的辅助工具，往往是以整齐的阵列来进行战斗的。这时的火枪不仅命中率低、射程短，而且射击速度慢，使用起来极为不便。每次开枪后都需要很长的时间去装弹，才能第二次开枪。直到 18 世纪燧发枪诞生之后，火枪的杀伤力才赶得上长弓。

▲ 火枪手

火枪手

虽然火枪杀伤力不如长弓，但是军方仍然看好这种热兵器。16 世纪 20 年代，意大利战争结束时，欧洲大陆主要国家都已经使用火枪作为军队的标准射击武器。随着大规模战争的需要，火枪手越来越被人们所重视。

《终止长弓法令》

1595 年，在英国的议会上展开了一场关于军方究竟是使用火枪为标准武器还是依然使用长弓为主要武器的辩论。通过激烈的辩论，火枪拥护者在这次辩论中彻底胜利。最终，英国议会通过了《终止长弓法令》，要求“在未来征召的军队当中，长弓不再被认为是一件合格的武器。这个标准适用于任何地区的任何人。所有射击部队都必须装备火绳枪或者滑膛枪”。这不仅仅是长弓的末日，也基本上意味着欧洲冷兵器时代的结束和热兵器时代的开始。

见微知著　拿破仑

拿破仑是法兰西第一共和国第一执政者、法兰西第一帝国皇帝，是卓越的政治家和军事天才。执政期间，他多次率领军队对外扩张，创造了法国历史上一系列军事奇迹。作为军事家，拿破仑的统帅才能几乎无人能及。

发挥火枪的优势

欧洲早期的火枪战斗就如同欧洲人的绅士风度一样，即使打仗也会选择晴朗的天气，各自排着整齐的队列进行战斗。而不接受死板传统阵型的拿破仑，却彻底打乱了方阵战术。拿破仑认为火枪兵不能过于集中，但是在对付对方骑兵的时候又能够快速组成小的火枪队，以密集火力来抵抗对方的攻击。在拿破仑眼中，火枪已经不再是简单的防御工具，方阵也不再是最佳的作战方式，灵活的阵型才是发挥火枪优势的最好方法。

▼ 滑铁卢战役中，秉持着绅士风度作战的欧洲士兵，总是拿着“布朗·贝斯”燧发枪排着整齐的队列进行射击

火绳枪

15世纪初，欧洲出现了原始的步枪——火绳枪。火绳枪就是靠燃烧的火绳来点燃火药的，故名火绳枪。火绳枪在火器发展史上具有里程碑的意义，是现代步枪的直接原型。枪支的优势远远取代了人数的优势，冷兵器时代的厮杀场面被浓烈的硝烟和致命的枪林弹雨所取代。

火绳枪的发明

15世纪初，一位英国人发明了一种新的点火装置，他用一根可以燃烧的“绳”代替烧得红热的金属丝或木炭，并设计了击发机构，这就是在欧洲流行了约一个世纪的火绳枪。火绳枪表面上有一个枪栓、一个枪托和一支枪管，外形已经很接近现在的步枪了，但是它们的工作原理却相差很大。

携带一个弹药带，斜挂在身上，带上挂有12~14个火药小罐，这些木制的小罐有皮制的盖子，装有发射一次所需的火药量

火枪兵的装备除了火枪、火绳和叉架外，还有其他附属装备

如何发射

火绳枪是一种从枪口装子弹的枪，先装入火药，然后再装入弹丸，接着用一根通条把弹丸塞紧，通常我们称这种枪为前装枪。这种设计的点火方式依然很原始，火绳枪就是靠一根燃烧的导火绳来发射的。这个绳子的原料是硝酸盐，也就是用钾硝溶液浸泡过，它可以缓慢燃烧。通常在战斗时，士兵会快速地将它伸进那个像原始撞击锤一样的部分。只要扣动扳机，烧着的火绳便被撞入火药池内，接着它就会引燃主弹仓里的火药。

火绳枪靠燃烧的火绳来点燃火药

火绳枪从根本上改变了人类战争的模式，新的战争形式开始诞生

▲ 火枪兵

明星火绳枪

16世纪初，西班牙将军萨罗·德·科尔多瓦建立起欧洲第一支正规的火枪步兵部队，这支部队的所有官兵均使用“穆什克特”火绳枪。为了能够更好地发挥火绳枪的威力，科尔多瓦还发明了枪手列队依次齐射的战术，大大提高了装弹和射击的速度。

被关注的原因

到了16世纪中期，战争方式和社会结构都被火绳枪改变了。火绳枪被关注的原因不仅是威力大，而且巨大的声音产生的震慑力也是相当可怕的，这种巨大的心理震慑力也是战场上一个有力的武器。即使是用过的人，都会在别人开枪的时候被吓一跳，没见过的人就更可想而知了。

寻根问底

火绳枪的巨大响声来自于哪里？

火绳枪的巨大响声来自于它那枪筒里大量的火药。因为手工填入的火药很难掌握分量，所以为了将枪弹发射出去只好加大火药量，也就是这个唯一的解决方法使得火绳枪在开枪时产生了巨大的声响。

致命的缺点

火绳枪作为第一种可以真正用于实战的轻型射击武器，威力巨大，但它也有致命的缺点。这种枪其实很危险，如果直接用燃烧的火绳来点火，扳机扣动后，火绳就像火蛇一样快速蹿入枪管将火药点着。同时，枪手身上也挂着很多火药袋，一旦靠近火绳的黑火药被不小心点燃，枪手就会在瞬间成为碎片。而在夜间战斗的时候，那些点燃的导火绳也会暴露士兵所处的位置。

▼ 16世纪中叶，哥萨克军队与库楚姆人在河上激战，哥萨克军队用较为先进的火枪，征服了当时还在使用弓箭、较为落后的库楚姆汗部落

燧发枪

燧发枪是人类历史上最伟大的发明之一，它改变了战争的方式，成为军事史上使用时间最长的一种武器。燧发枪与过去的火绳枪相比，射速快、口径小、枪身短、重量轻、后坐力小。17世纪末，这种枪还被普遍装上了刺刀，将冷兵器和火器完美地结合起来，弥补了射速慢的缺陷，成为当时欧洲各国的主要作战武器。

用燧石代替铁片

燧石摩擦能产生火花，这种现象古人早已发现，但是除了生火以外，一直没有引起人们太大的关注，直到16世纪中叶出现了燧发枪。在制枪作坊里，那些工匠们研究了燧石和铁片的区别后，决定用燧石代替铁片作为点火器。事实证明，燧石比铁片更耐磨也更坚硬，在重复撞击下，它的寿命比铁片更长，而且结构更简单。

▲ 燧发枪的击发装置

填弹方式

燧发枪的填弹方式依然是枪口填弹。使用者将枪管竖起装入火药，最后放入铅弹，用通条将铅弹紧紧地压在火药上。火药被装在火药池后，一块钢片盖在了火药池上，击锤被扳起来后，使用者扣动扳机，燧石瞬间碰撞钢片产生猛烈撞击，撞击后产生的火星飞溅到火药池内，引燃主弹仓的弹药，从而将子弹迅速地射出枪管。

▼ 燧发枪的紧凑与方便，使得士兵的穿着不再像以前那样笨拙

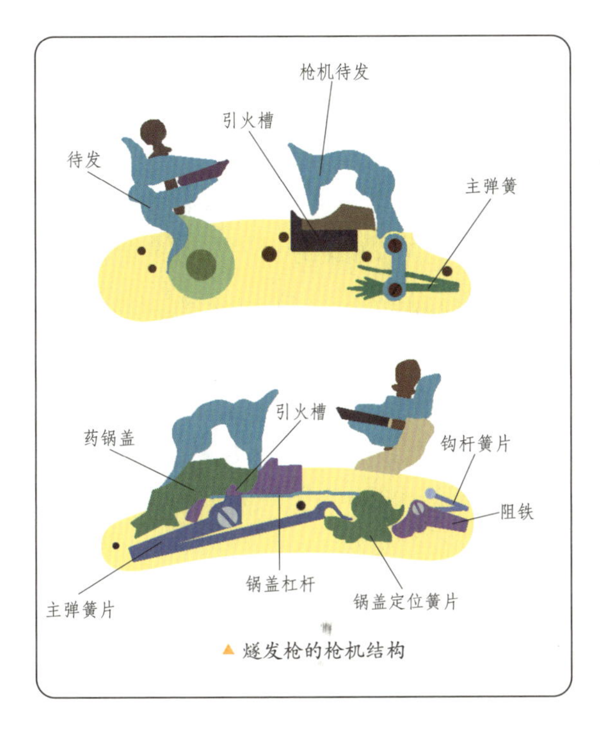

▲ 燧发枪的枪机结构

燧发枪的来历

早期的燧发枪叫作施那庞扎斯枪，“施那庞扎斯”是偷鸡贼的意思，因为据说它的发明者就是一个偷鸡贼。偷鸡贼认为，火绳枪的光亮和浓烈的火药味会让养鸡的农民和他的狗很快发现自己，所以为了不暴露自己，才设计并制造了这种枪。虽然这种枪外观粗糙，但是却代表了一个新的枪械革新。

见微知著　后坐力

枪械发射时，子弹壳同样受到火药气体的压力，从而推动枪机后坐，后坐的枪机撞击和枪托相连的机框，产生后坐力。这种作用力会使持枪不稳。后坐力的大小和枪械的口径有关，但枪械本身的结构设计影响更大。

法国式的改良枪

1615年左右，诺曼底有个叫摩兰·勒贝茹瓦的法国人，对一支施那庞扎斯枪做了改装。他将大部分部件、弹簧和卡锁等都安装在了枪支的里面，这样只要小心使用，这种枪就很少受到外界影响。勒贝茹瓦的这种法国式的改良枪很快被传播开来，这就是我们今天所谈到的燧发枪。

▲ “布朗·贝斯”燧发枪

“布朗·贝斯”枪

在各种形状大小各不相同的燧发枪中，最出名的就是英国的“布朗·贝斯”枪，从丰特努瓦战役到滑铁卢战役，它一直都是欧洲军队的标准步兵火器，因为它威力强大，可靠性好，装弹速度快。在1840年鸦片战争中，英国人就是用了布朗·贝斯式前装滑膛燧发枪打败了清朝军队，中国从此沦为半殖民地国家。

▶ 义和团员手持冷兵器对抗八国联军的火枪，死伤惨重

子弹的发展

在战争时期，子弹是击杀敌人或进行破坏的最简单的工具。子弹伴随着枪械的发展，从几百年前简单的铁丸发展到现在各式各样的子弹，其间经历了很多次变革，每一次变革，子弹的威力和性能就会有一次明显的提升。而现代科学技术在军事领域的广泛运用更使传统的枪弹家族发生了巨大的变化，出现了许多更加奇特的成员。

早期的子弹

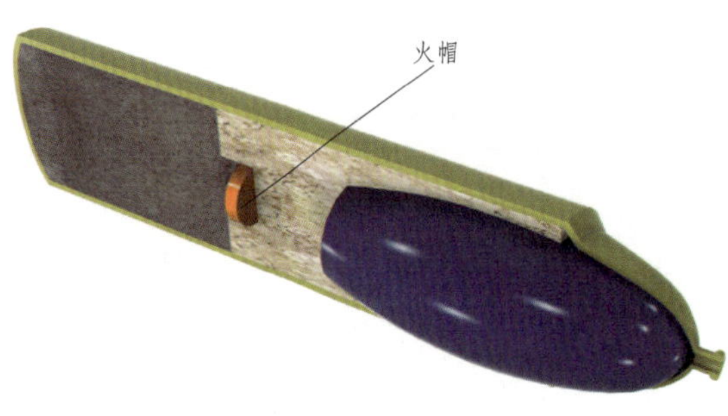

▲ 针刺发火枪弹

早期的突火枪将铁砂作为子弹，由于黑火药的威力有限，这些铁砂对较远距离的人员几乎没有伤害。在欧洲，火绳枪出现以后，曾经用石粒作为子弹。后来，枪膛出现膛线以后，又改用铅作为子弹。铅熔点低，易于加工，在不打仗的时候，火枪兵自己也可以加工制作子弹。这样的子弹一般呈不规则球形，杀伤力也一般。

子弹的形状

早期手枪使用的都是球形弹丸，这种弹丸发射时易发生不规则变形，射击精度差。1828 年，法国军官德尔文将球形弹丸改成长圆形，结果发现这种长圆形子弹完全消除了球形弹丸射击精度差的缺点。之后，子弹全都变成了长圆形。

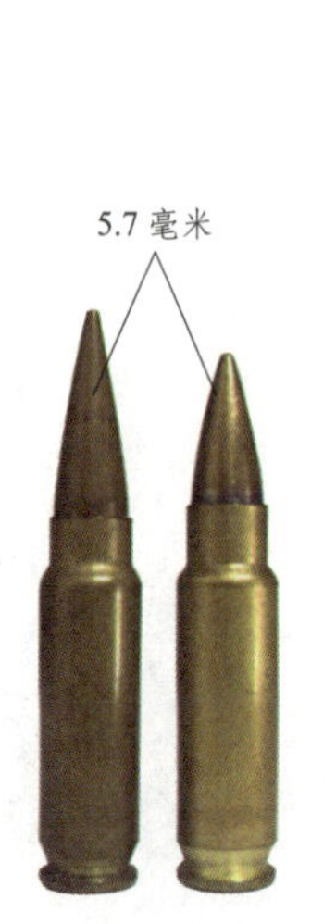

▲ 各种子弹的形状及口径

现代子弹

现代的子弹大体上由弹头、弹壳、装药和底火四部分组成。按子弹弹头击中目标后的状态可以分为实心型、扩张型和粉碎型，而且弹头的形状不一样，击中目标后产生的效果也不一样。实心弹一般是尖头的，扩张型和粉碎型的弹头形状和结构都比较奇特。弹壳一般用黄铜合金制成，弹壳的形状大体上是一个筒状金属壳，但是不同用途的子弹弹壳在细节上依然有所不同。此外，现代子弹所使用的火药基本上都是无烟火药。

聚焦历史

1854年，英国测量员意特沃斯奉命改进枪械性能，正当他无计可施时，忽然间想到小孩玩的陀螺。于是，他很快在枪管内刻制螺旋膛线。遗憾的是，他的发明没有受到重视，直到1865年，膛线才在枪上获得广泛的应用。

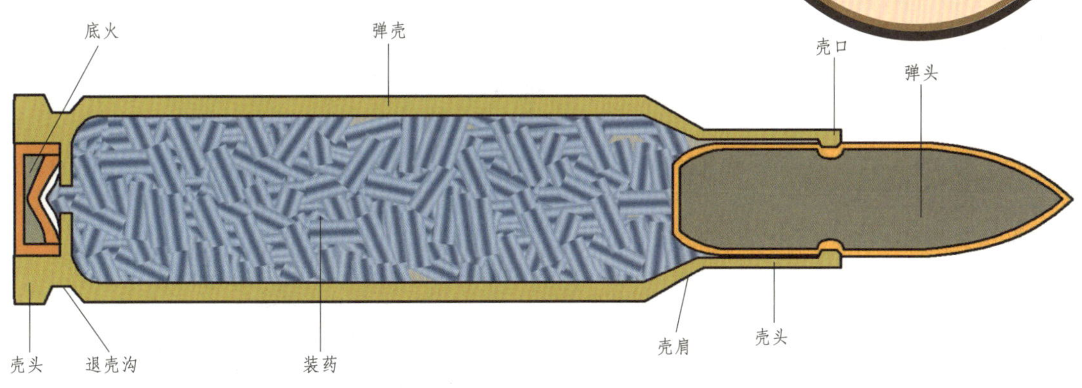

▲ 手枪或步枪所使用的子弹，通常包含弹头、弹壳、装药、底火四部分

▲ 1866年的弹壳

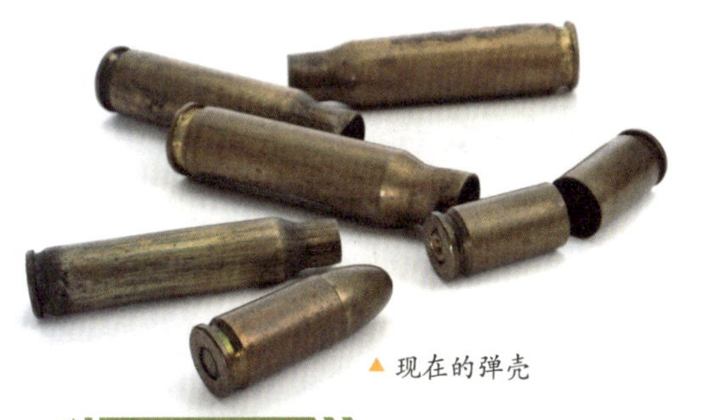

▲ 现在的弹壳

弹壳的演变

早期枪弹采用的是纸壳，纸壳枪弹易受潮，强度低，发射后残存纸片会遗留在枪膛内。1836年，巴黎著名的枪械工程师勒富夏发明了全金属弹壳的针刺发火枪弹。1835—1847年，法国枪械工程师福芬拜发明了将击发药装在弹底缘周围、击针撞击底缘即可发火的底缘发火枪弹，这种枪弹至今仍在一些运动枪械上使用。

家族新成员

随着科技的进步，世界上出现了很多形状更加奇特、材料更加新颖、功能更加丰富且远远超过以往样式的子弹。如德国一家公司生产出了一种无壳子弹，它是代号为G11的手枪弹，其重量仅相当于普通子弹的1/5。除此之外，还有染色子弹、变速枪弹、会拐弯的子弹、能抛绳子的子弹等新成员。

▲ 手枪弹

瞄准器的诞生

现代枪械中，尤其是步枪——经常配备其他一些设备，用来增加枪械的性能，或者扩展枪械的作用。由于装备了这些设备，枪械的性能和作用都得到了很大的提高，瞄准器就是其中一种重要的设备。人们常说，举枪是基础，瞄准是前提，击发是关键。要想瞄得准，枪支上必须配备设计合理的瞄准装置，瞄准器的有效性直接影响射击精度。

机械瞄准器

由于枪械性能、用途各不相同，其瞄准器也千差万别，但总的来说，可以分为两大类：机械瞄准器和光学瞄准器。机械瞄准器也称机械瞄准装置，是最早诞生的瞄准设备，具有结构简单、坚固耐用等优点，因此在枪械上得到了广泛应用。最早的机械瞄准器诞生于15世纪，但真正具有实用价值的瞄准器则是从19世纪开始的。机械瞄准器一般由准星和照门组成，通常所说的“三点成一线”，就是指瞄准器在使用时要保持照门、准星和目标三个点成一条直线。

▲ 二战时期士兵枪支上使用的机械瞄准器

机械瞄准器的分类

机械瞄准器一般分为固定式瞄准器和可调式瞄准器。固定式瞄准器由不可调整的固定式照门和准星组成，一般只用于有效射程比较近的手枪上，如美国柯尔特M1911A1手枪等。可调式瞄准器是枪械上最常见的一种瞄准器，是在固定瞄准器的基础上发展而来的，一般可分为弧形座式、“L”形立框式、折叠式等。弧形座式瞄准器在步枪、机枪上使用非常广泛。

光学瞄准器

由于机械瞄准器使用时主要依靠使用者的经验和技术，因此误差也会比较大，一旦距离增大，其瞄准精度就会明显下降。为了解决这个问题，简化持枪者的瞄准过程，提高远距离的射击精度，各种光学瞄准器应运而生。1904 年，德国的卡尔蔡司研制了一种具有实用价值的光学瞄准镜，并在第一次世界大战（以下简称“一战”）中使用。在第二次世界大战（以下简称“二战”）中，瞄准镜开始发展成熟。目前，瞄准镜主要有望远式瞄准镜、准直式瞄准镜、反射式瞄准镜和潜望式瞄准镜等。

▲ 从光学瞄准器观察到的敌情

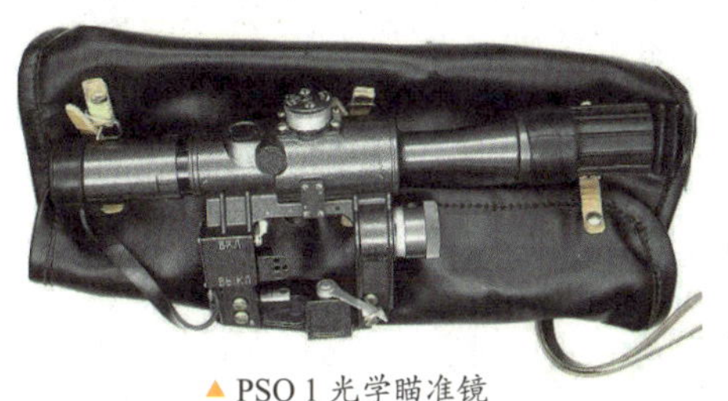

▲ PSO 1 光学瞄准镜

聚焦历史

19 世纪 40 年代，一些美国枪械技工就开始制造带光学瞄准装置的枪械。1848 年，纽约州的摩根·詹姆斯设计了一种与枪管同样长度的管形瞄准装置。后来，类似的瞄准装置在美国内战中得到应用。

◀ M68 近距离作战光学瞄准镜

望远式瞄准镜和反射式瞄准镜

在各种光学瞄准镜中，以望远式瞄准镜和反射式瞄准镜最为流行。望远式瞄准镜是最早诞生的光学瞄准器，具有放大作用，能看清和识别远处的目标。反射式瞄准镜是利用反射镜反射回人眼的光线形成的瞄点来瞄准目标的。使用者通过它，可以忽略瞄准过程中的视线偏移，以达到快速瞄准的目的。但这种反射镜的缺点是加工成本比较高，瞄准器的体积比较大。

狙击手的战争

“于万军之中取上将首级”的人在古代被看作是军队中的猛士，要做到这一点是极为困难的，而在狙击步枪诞生之后，一切都变了。一旦狙击步枪的声音回荡在战场上，往往都会有一个人倒下，而这可能会影响某一场战争的局势，有时还可能改变历史的进程，而这个奇迹就是狙击手创造的。

▲ 在高技术战争已成为现代战争基本作战样式的今天，狙击手仍然活跃在战场上

现代意义的狙击手

狙击手尽管出现的很早，而真正具有现代意义的狙击手出现在一战中。1914年，一战爆发，由于参战各国都大量挖掘战壕，所以作战模式很快就变成了阵地战。为了打破僵局，德国首先从猎人和护林员中挑选了一大批枪法出众的人组成了狙击手部队，专门狙杀战壕中的英法军队和俄军。一战期间，德国狙击手几乎横行整个欧洲战场。

▲ 正在执行狙击任务的马蒂亚斯·海岑诺尔

必备的素质

二战中，德军狙击手中拥有最高猎杀记录的马蒂亚斯·海岑诺尔表示，一名狙击手一定要始终专一，不能担任除了狙击之外的任务。二战德军狙击手猎杀记录第二名的阿伦伯格则认为，冷静、自信和勇气是一名优秀狙击手必备的素质。

▲ 经过伪装的狙击手

狙击手的生活

现代的狙击任务一般以小组的形式完成，通常包括一名狙击手和一名观测员，后者有时候也是第二狙击手。一般来说，除了必备的狙击步枪外，狙击手的装备还可以包括手枪、伪装服、伪装油彩、望远镜、无线电通信设备、红外或微光夜视仪、地图、指南针和食物等。为了保持长时间潜伏的隐蔽性，大部分狙击手们都使用水袋和吸管，甚至采用高热量流质食品。

最有分量的一颗子弹

狙击手并不仅仅只能影响某场战争的发展，有时还可能改变历史的进程。1777 年 10 月 7 日，北美大陆军肯塔基步枪队中的一名狙击手墨菲在萨拉托加战役中击毙了率队侦察的英军将领西蒙·弗雷瑟将军。弗雷瑟之死直接影响了战局，导致英军将领约翰·伯格音的突围计划破产，萨拉托加战役由此成为北美独立战争的转折点。从某种意义上来说，狙击手墨菲射出了也许是人类历史上最有分量的一颗子弹。

▲ 狙击手墨菲埋伏在树上，将率队侦察的英军将领西蒙·弗雷瑟将军打下马来

最准确的形容

在《游击队之歌》里有这样一句歌词：“我们都是神枪手，每一颗子弹消灭一个敌人。”这是对战场上神出鬼没的狙击手最准确的形容。据统计，二战期间每杀死一名士兵平均需要 2.5 万发子弹，越战时每杀死一名士兵平均需 20 万发子弹，然而同时期的一名狙击手却平均只需 1.3 发。

▼ 射击和伪装是合格狙击手的两大杀招

寻根问底

狙击手一词是怎么来的？

狙击手的英文是 Sniper，这个词和沙雉鸟有关，它的英文名字是 Snipe。这种鸟很难被击中，因此能击落它的人就被冠上了 Sniper 的称号。后来，Sniper 就成为国际上对于狙击手这种特殊兵种的正式叫法。

手　枪

手枪是我们常见的武器，自诞生以来，它的生产数量、款式和品种都是所有枪械中最多的。通常，手枪的体积都不大，比起其他武器只能算个“小不点儿”，但却是世界兵器舞台上的活跃分子。尽管手枪在战场上的作用不如飞机、大炮，但在历史上，它仍扮演着非常重要的角色。随着技术的进步，手枪经过长期的演变过程，已经发展成为种类繁多的现代手枪家族，其性能和威力也都有大幅度提升。因此，手枪的作用和地位将会得到进一步加强。

早期的手枪

其实枪最早诞生时并没有步枪与手枪之分，形象地说，手枪一开始只是一种缩小了的步枪而已。经过大约500年的漫长发展和演变，才有了我们今天所说的手枪。在枪械的发展史上，手枪是在各个时代中被应用最广泛的枪种之一。从柯尔特发明了第一支有实用价值的左轮手枪开始，手枪便迅速打入了枪械市场，成为一种普遍的单兵战斗武器。

最初的手枪

手枪的最早雏形在14世纪初或更早几乎同时诞生于中国和普鲁士（今德国境内）。在中国，当时出现了一种小型的铜制火铳——手铳。它的口径一般为25毫米左右，长约30厘米。这其实就是火铳的缩小版，可以看作是手枪的最早起源。1331年，普鲁士的黑色骑兵就使用了一种短小的点火枪。这是欧洲出现最早的手枪雏形。

见微知著　击锤

击锤是用以撞击击针尾端使之前进，击发枪弹底火的一个零件。击锤有回转式和直动式两种。一般情况下，扣动扳机，扳机带动扳机连杆，阻铁下移解脱击锤，击锤前冲或回转击打击针，击针前冲，击针头撞击底火击发枪弹。

手持三眼铳的明朝士兵

枪支鼻祖

火门枪发明于1324年前后，是火药传入欧洲后的产物。它的结构很简单，发射方式类似于今天的爆竹，枪筒一般采用铜制或铁制，发射前先塞入火药，再塞入铁弹、铜弹或铅弹。使用者一手托枪，一手拿碳条，从枪筒上的小孔点燃火药，激发弹丸。火门枪已具备现代枪支的基本原理，堪称枪支鼻祖。

欧洲人在模仿蒙古火器之后，制造了属于自己的热兵器——火门枪

▲ 火绳手枪

▲ 早期的前装式燧发枪

▲ 撞击式燧发枪

燧发式手枪

15 世纪，手枪由点火枪改进为火绳枪，实现了真正的单手射击。1485 年，英国近卫部队装备了火绳枪。到了 17 世纪，燧发式手枪取代了火绳枪，已具备了现代手枪的特点。它的击发机构具有击锤、扳机、保险等装置，而且枪膛也由滑膛和直线形线膛发展为螺旋形线膛。燧发式手枪的出现是手枪发展史上的一个重要里程碑。

名称的由来

"手枪"的英文是"pistol"，其名称的来源，说法各异，归纳起来有以下几种说法。第一种说法是，16 世纪中叶，意大利皮斯托亚城有个名叫维特里的枪械工匠，制造了一支枪，以"皮斯托亚"命名，因此欧美都称手枪为"皮斯托亚"。第二种说法是在 1419 年，胡斯信徒在反对两吉斯蒙德的战争中使用这种短枪，称为"pisk"，意为"哨声"，因为"pistal"的小枪管发出短促的尖叫声，"手枪"因此而得名。第三种说法是手枪首先由骑兵使用，不用时放入枪套内，然后挂在马鞍前桥（pistallo）上，故手枪以此得名。第四种说法认为手枪口径与古代一种硬币"pistole"直径差不多，故以硬币命名。

▶ 燧发枪诞生后，很快就取代了火绳枪，在军队中广泛使用。图为一幅反映 18 世纪战争的油画，士兵们大多装备了燧发枪

击发手枪

所谓击发枪，就是使用击发火帽（底火）点燃火药的枪械。其实，击发枪是人类为了克服之前枪械缺点而发明的。因为在击发枪诞生之前，尽管隧发枪与火门枪、火绳枪相比，已有很大的进步，但是它还是存在着点火时间长、底火装置防水性能差等诸多缺陷，所以人类一直不断探索，希望能够研制出一种新的枪械。

第一支击发手枪

1805年，苏格兰牧师福塞斯发明了一种击发点火机构。之后，他与蒸汽机的发明人詹姆斯·瓦特合作，于1812年发明了第一支击发手枪。其原理是将雷汞装入底火盘中，用击针撞击底火盘，使雷汞起爆，火焰经传火孔点燃发射药。福塞斯的枪最早采用的是器皿装雷汞，后来他又把雷汞铺在两张纸之间，进一步制作成纸卷“火帽”。

▲16世纪末轮式发火手枪

▲古老的击发手枪

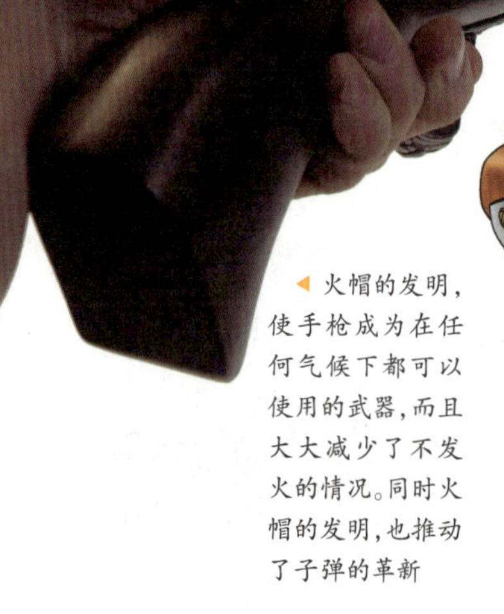

◀火帽的发明，使手枪成为在任何气候下都可以使用的武器，而且大大减少了不发火的情况。同时火帽的发明，也推动了子弹的革新

击锤

火帽

▲将含有雷汞的击发火药装入铜火帽，发射时，击锤打击火帽，引燃膛内火药

不断发展

1808年，法国机械工包利应用纸火帽，并使用了针尖发火。1814年，英籍美国人齐舒亚·肖成功发明了铜制雷汞火帽，使击发点火技术又向前迈了一大步。1821年，伯明翰的理查斯发明了一种使用纸火帽的“引爆弹”。后来，有人在长纸条或亚麻布上压装“爆弹”自动供弹，由击锤击发。这样一来，击发枪就更完善了。到了19世纪，针刺击发枪也诞生了。

德林杰燧发手枪

单管击发手枪

1825年，著名枪械设计师亨利·德林杰发明了单管击发手枪。这种前装击发式单管袖珍手枪一直限量生产，直到1868年他逝世。为了适应不同需求，德林杰手枪的种类很多，口径大小不等，枪管长度也有所增长，并且其使用和维护都十分方便。它的点火件在市场上就可以买到，因此德林杰的袖珍手枪当时在美国很出名。

聚焦历史

1865年初，美国南北战争接近尾声。林肯夫妇正在剧院观看演出，一颗直径不到12.7毫米的铅弹头射向了林肯头部的左侧，由于伤势过重，最终他的心脏停止了跳动，而凶手用的就是德林杰手枪。

林肯被刺杀瞬间

“胡椒盒”手枪

1845年，美国人伊桑·艾伦发明了“胡椒盒”手枪，即多管旋转击发手枪。接着，英国和欧洲大陆也开始出现类似“胡椒盒”的手枪。不过，由于“胡椒盒”手枪太过笨重，并且击锤抬起时还会影响瞄准，因此军用价值不大。

击发式决斗手枪及其配件

用于决斗的击发手枪

击发点火的优点

击发点火的优点是点火可靠，点火时间短，使用方便，有助于提高射击精度。此外，击发枪有较好的防水性能，“瞎火”故障也大幅度减少。通常使用燧发枪，平均每7发子弹就会出现一次“瞎火”，而采用击发枪大约发射200发子弹才会出现一次“瞎火”现象。它的出现，给手枪的发展注入了生机。

手枪的特点

手枪是一种单手握持瞄准射击或本能射击的短枪管武器，通常为指挥员和特种兵随身携带，用在50米近程内自卫和突然袭击敌人。由于手枪短小轻便，携带安全，能瞬间开火，一直被世界各国军队和警察等大量使用。现代手枪的基本特点是变换保险、枪弹上膛、更换弹匣方便，结构紧凑，自动方式简单。

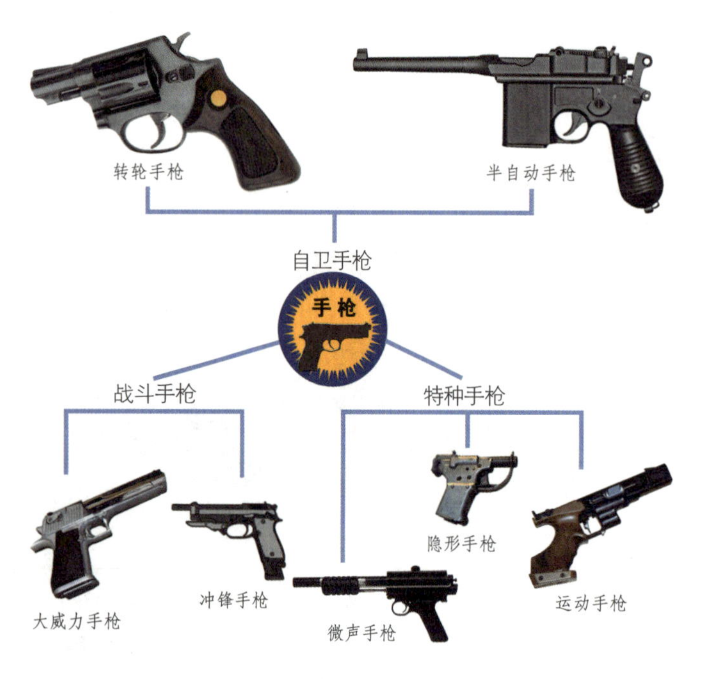

手枪的分类

手枪真正意义上是指击发手枪、左轮手枪和自动手枪。这些手枪按使用对象可分为军用手枪、警用手枪和运动手枪；按用途可分为自卫手枪(转轮手枪和半自动手枪)、战斗手枪(大威力手枪和冲锋手枪)和特种手枪(包括微声手枪、隐形手枪和运动手枪等)；按结构可分为自动手枪、左轮手枪和气动手枪。

手枪的优点

手枪重量轻，体积小，满装枪弹后两类手枪的总质量分别是：军用手枪一般在1千克左右，警用手枪在0.8千克左右，便于随身携带。而且现代手枪的结构简单，操作方便，易于大批量生产，成本低。当然，手枪也不是完美无缺的，它也有一些不足之处，比如有效射程较短等。

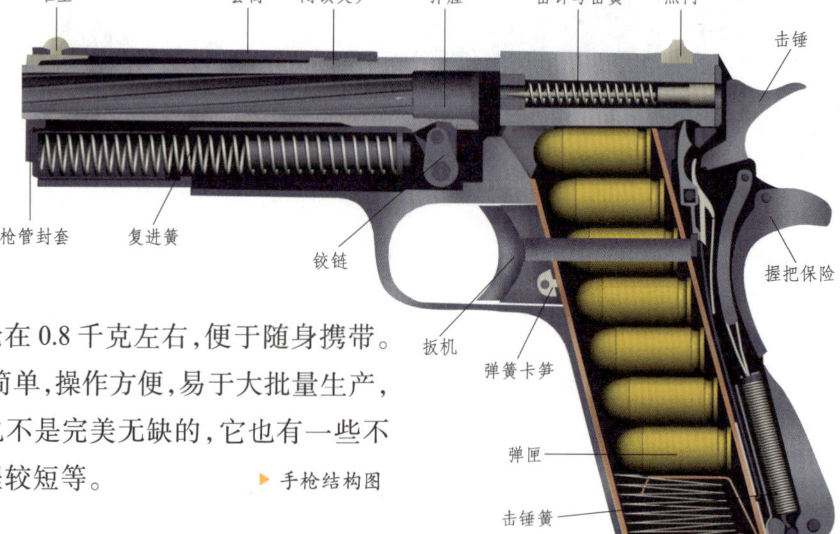

手枪结构图

▲ 一般来说，大口径手枪的子弹大，威力也大

口径与供弹方式

口径指枪管、炮管的内直径，通常以毫米计算，20毫米以下的称枪，20毫米以上的称炮。目前世界各国装备的手枪的口径有5.45毫米、7.62毫米、7.63毫米、7.65毫米、9毫米、9.65毫米、10毫米、11.43毫米和12.7毫米等，大约有几十种型号。而9毫米口径自动手枪因其后坐力小、射击稳定、弹着密集、弹匣容量大，已为世界各国军队和警察广泛使用。手枪采用弹匣供弹，自动手枪弹匣容量大，大多为6~12发，有的可达20发；左轮手枪则容弹量小，一般为5~6发。

膛线

膛线英文名称为“rifle”，它是枪管里车出来的螺旋形同心圆。没有膛线的时候，子弹在枪管里飞得像个醉汉，而膛线使子弹产生旋转，这样它可以飞行稳定，速度也更快。最早采用膛线枪管的是柯尔特左轮手枪，而不是来复步枪。膛线的条数多少常与枪的口径大小有关，一般在3~12条之间，手枪、冲锋枪、步枪等常为4条，口径大一些的机枪是8条。

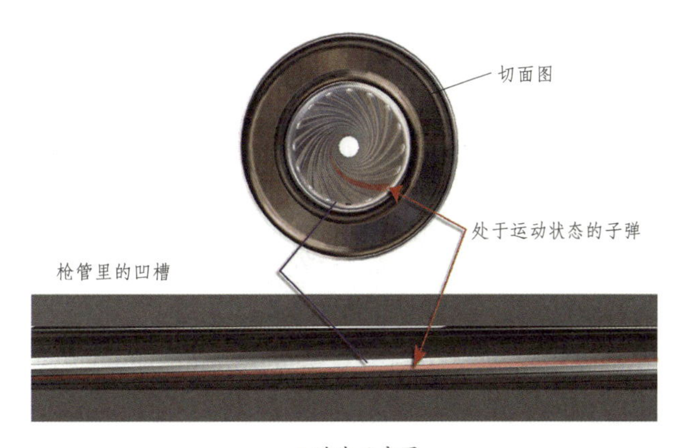

▲ 膛线示意图

寻根问底

所有的枪都是线膛枪吗？

不是所有的枪都改成了线膛枪，滑膛枪也还在使用，如霰弹枪就采用滑膛，打猎用的猎枪要求的射击距离不远，又使用霰弹，也采用滑膛。此外，箭形弹等一些特种枪弹也采用滑膛，因为它主要靠尾翼稳定，不需要膛线来帮助。

膛线的方向

膛线的方向有右旋和左旋两类，现在一般均采用右旋，究其原因，不过是习惯而已。有了膛线，子弹头离开枪口时的旋转速度就可高达每分钟20万转，这样就保证了弹头有足够的飞行稳定性，也保证了子弹的飞行距离。

德林杰手枪传奇

德林杰手枪原本是19世纪初期费城枪匠亨利·德林杰设计的一种小型手枪，它结构简单，携带方便，拔枪容易。由于其口径较大，近距离射击的威力也较大，因此非常适合在近距离的紧急情况下使用。“德林杰”一度成为多数小型手枪的代名词，并且它的样式漂亮，种类繁多，一直受到众多武器收藏家们的青睐。

新的枪械系列

由于德林杰手枪是刺杀林肯的凶器，人们一听到这个名字，就会联系到那个令人憎恶的凶手，所以美国军民都排斥这款枪。后来，德林杰本人和英国一些枪械商人把“Deringer”这个姓氏中间多加了一个“r”，而且将首写字母改成了小写，成了“derringer”，并且以这个新名字重新做了一个新的枪械系列，结果取得了巨大的成功。

▲第一支德林杰手枪

◀雷明顿双管德林杰手枪

雷明顿德林杰手枪

1865年12月12日，雷明顿公司获得了生产德林杰手枪的专利，研制出著名的10.4毫米口径的雷明顿双管德林杰手枪。值得注意的是，雷明顿的“德林杰”已改为“derringer”。从1866年开始销售第一支以来，雷明顿公司实际生产销售的德林杰手枪已经超过了15万支。

柯尔特德林杰手枪

除了雷明顿的德林杰手枪比较著名外，位于美国康涅狄格州哈特弗德的柯尔特专利武器制造公司制造的德林杰手枪也曾经显赫一时。柯尔特公司于1870年推出一款德林杰手枪，由柯尔特公司雇员F.亚历山大·瑟尔设计。这种枪的特点是采用枪管左右摆动的方式退壳和装填，并可自动退壳。该枪重量只有184克，有枪身镀银、枪管发蓝的，也有枪身、枪管都镀银的，握把可以由胡桃木、青龙木、象牙等制成。

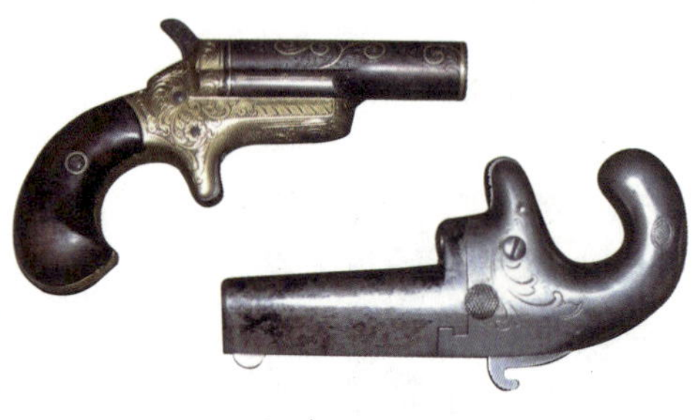

▲柯尔特德林杰手枪

寻根问底

柯尔特德林杰手枪生产到什么时候？

柯尔特公司制造的德林杰手枪一直延续生产到 1912 年。在此期间，枪管上的标志、击锤、枪身的形状仅有少许变化，但枪身用青铜材料制成，其他零件用铁制成，则一直没有改变。

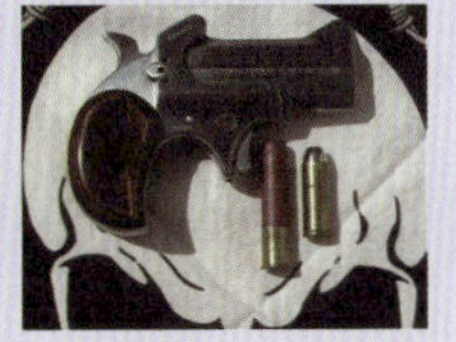

美国德林杰手枪

现在，仍有一些公司生产德林杰或其他名称的漂亮小手枪，最出名的当数美国德林杰手枪。美国德林杰公司是 1980 年由罗伯特・A. 桑德斯一手创办的。创业初期，桑德斯产品在市场上并不景气，后来受雷明顿双管德林杰手枪的启发，桑德斯生产了 60 多种不同口径的不锈钢材质的德林杰手枪，成功跻身于美国公司前 500 名之列。

▶ 随着时间的流逝，人们记忆中的“德林杰”已成为一种短管、大口径、小手枪的代名词

女士德林杰手枪

美国德林杰公司的经营理念是满足个人防护的需要。当时桑德斯的妻子伊丽莎白留意到女士也有佩带武器的需求，于是建议生产女士德林杰手枪，由此，女士德林杰手枪诞生了。它不仅实用而且漂亮、简洁，深受女士们的喜爱。

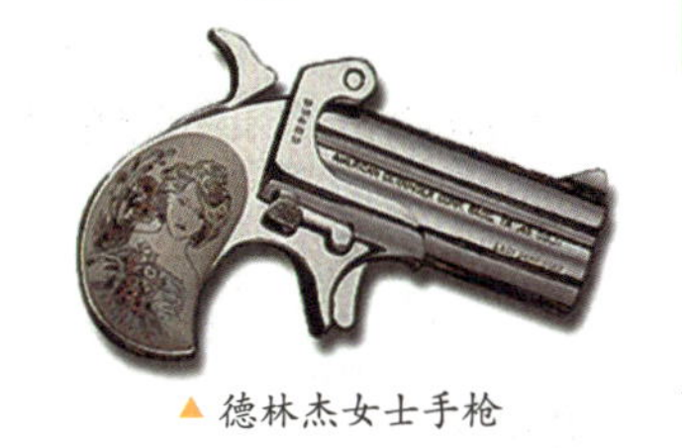

▲ 德林杰女士手枪

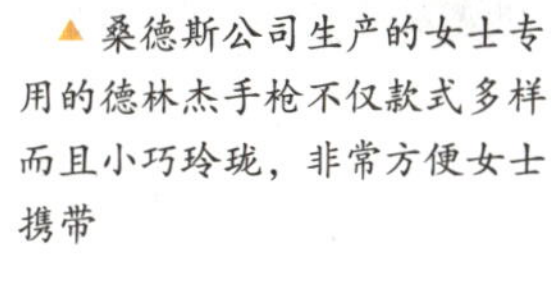

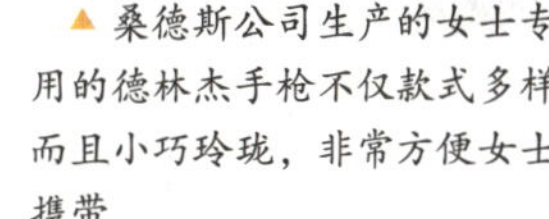

▲ 桑德斯公司生产的女士专用的德林杰手枪不仅款式多样而且小巧玲珑，非常方便女士携带

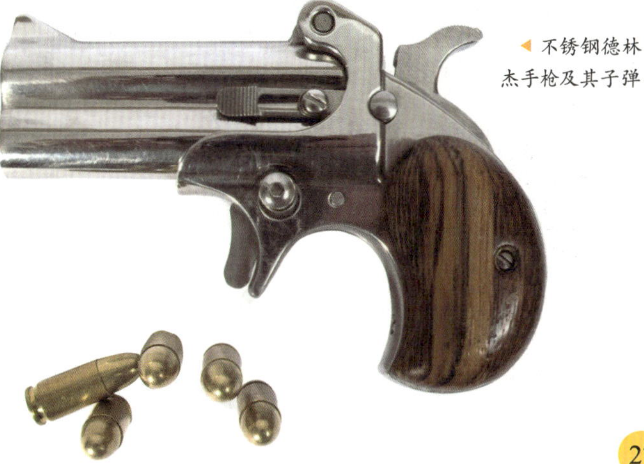

◀ 不锈钢德林杰手枪及其子弹

左轮手枪

左轮手枪又称转轮手枪，是一种带多弹膛转轮的手枪，在非自动手枪中最为出名。由于携带在弹巢中的子弹数量有限，火力的持久性不足，因此一般不用于进攻，多用于自卫。它之所以叫左轮手枪，是因为在射击时，转轮是向左旋转的。只要看过西部牛仔片，你一定会记住左轮手枪。它在电影里不仅是一件道具，而已经成了西部硬汉性格的延伸。

▼西部牛仔斜挎着一把醒目的大号柯尔特左轮手枪

左轮手枪之父

世界上第一支真正的左轮手枪是由一个叫塞缪尔·柯尔特的人制造的，他也因此被美国人誉为“左轮手枪之父”。1835 年，柯尔特在原有左轮手枪的基础上，发明了世界上第一支有实用价值、并得到广泛应用的左轮手枪。这支左轮手枪采用底火撞击式枪和膛线枪管，并使用锥形弹头的纸壳弹。此后，柯尔特等人又对左轮手枪反复进行了改进。柯尔特的发明缩短了更换子弹的时间，提高了手枪的杀伤力，使左轮手枪成为 19 世纪末期最著名的手枪。

▲塞缪尔·柯尔特

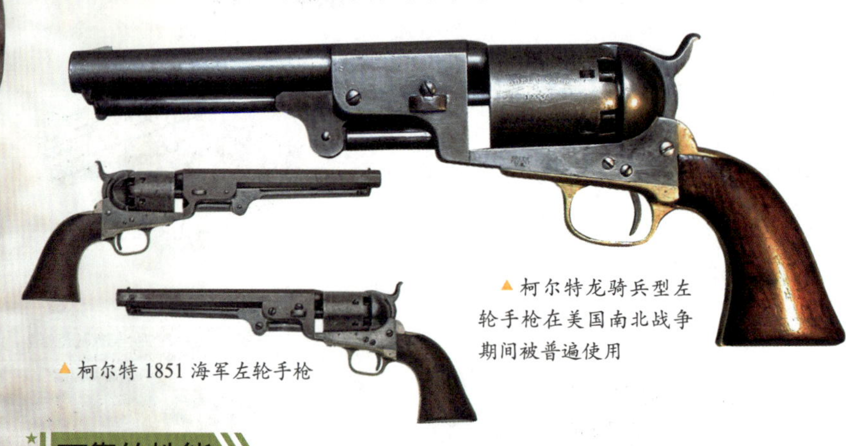

▲柯尔特龙骑兵型左轮手枪在美国南北战争期间被普遍使用

▲柯尔特 1851 海军左轮手枪

可靠的性能

左轮手枪的性能非常可靠。在射击的过程中，如果某一发子弹出现了不能击发的状况时，只需要再次扣动扳机，就可以击发下一发子弹，这也就避免了在战斗中出现火力突然中断的危险。左轮手枪非常适合执行特殊任务，还能藏在衣兜里进行隐蔽射击。

▲ 转轮为了配合多数人使用右手的习惯，多为向左摆出，故中文称之为“左轮手枪”

美中不足

由于转轮和弧形手柄的设计，左轮手枪成为所有手枪中最具美感的一款。虽然左轮手枪在20世纪初独领风骚，但作为军用手枪，它也有一些不足之处，比如容弹量少，枪管与转轮之间有间隙，会漏气和冒烟，射速低，重新装填时间长，威力较小等。因此，二战之后，左轮手枪在军队中的地位被自动手枪取代，但左轮手枪并没有被淘汰，因为许多国家的警察、治安官、平民、游侠甚至刺客仍然喜欢它。

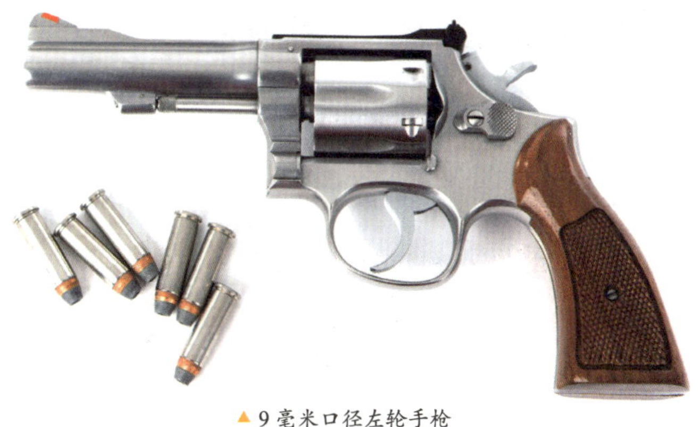

▲ 9毫米口径左轮手枪

世界最大的左轮手枪

世界上最大的左轮手枪是雷扎德·托比斯左轮手枪。这个左轮手枪是仿照雷明顿1859左轮手枪而制成的超大版本，2005年，还获得了吉尼斯世界纪录的认证。这一枪发出去的威力会非常大，不过能击发这个大家伙的人，也得有个非同一般的好身体。

最小的左轮手枪

瑞士迷你枪堪称世界上个头最小的左轮手枪，它只有50毫米长，虽然它只有一个钥匙链那么大，但它的迷你子弹飞行时速非常高。由于它的迷你身材，所以人们完全可以把它放在任何一个小口袋里，让对方不知道你携带了足以让他致命的武器。

寻根问底

左轮手枪最大的优点是什么？

左轮手枪最大的优点不是它的威力，而是它对瞎火弹的处理。遇到一颗瞎火弹，左轮手枪只要再扣一次扳机，瞎火弹就离开了火线，而另一颗子弹又会上膛对准了枪管。这种原理很简单，却具有稳定的可靠性。

自动手枪

自动手枪是指在射击过程中能自动完成开锁、抽壳、抛壳、待击、再装填、闭锁等系列动作的手枪。但严格来说，这与能连发的冲锋手枪相比只能算是半自动手枪，只是人们一般都习惯于将这种手枪称为自动手枪。自动手枪包括半自动手枪和冲锋手枪，它使手枪的发展进入一个新的阶段，是现代手枪的标志。

◀ 自动手枪是现代军、警、民用的主流手枪

自动手枪的分类

自动手枪是射击中在火药气体的作用下，可实现再次装弹入膛的手枪。它主要分为两种：一种是只能打单发的半自动手枪，又称自动装填手枪。由于半自动手枪使用最为广泛，习惯上也称为自动手枪。另一种是可以打连发的全自动手枪，又称冲锋手枪。

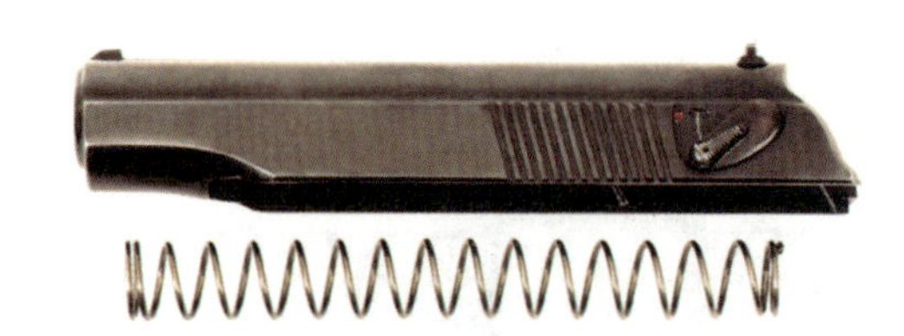

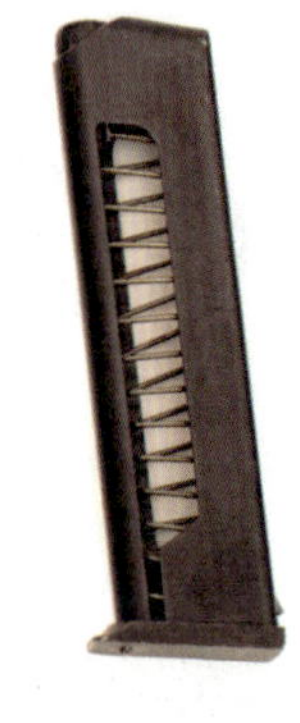

▲ 马卡洛夫自动手枪分解图

自动手枪第一人

奥地利人约瑟夫·劳曼有幸成为新手枪发明第一人。他于1892年发明了世界上第一支自动手枪，在法国和英国获得发明专利。这是历史上第一支成功的自动手枪。该枪在奥地利军方举行的手枪选型试验中因表现平平而未被军方采用，但它的问世为新手枪的出现带来了一丝曙光。

第一支实用自动手枪

1893年，美国人雨果·博查德发明了7.65毫米的C93式博查德手枪，从而开创了手枪发展的新纪元。C93式博查德手枪是世界上第一支实用的自动手枪，之所以给它这样定位，是因为它是第一支完全符合现代自动手枪主要特征的手枪。它使用金属弹壳的中心发火式整装弹，依靠火药燃气能量后坐并完成抽壳、抛壳和供弹动作，有很好的气闭性，并采用弹匣供弹，设有保险装置。

▲雨果·博查德发明的第一支实用的自动手枪

军用自动手枪诞生

1895年，世界上第一支真正的军用自动手枪诞生了，这就是7.65毫米毛瑟自动手枪。它是由在德国毛瑟兵工厂供职的费德勒三兄弟发明的，而非毛瑟本人。设计工作始于1893年，1895年3月15日完成样枪设计，被命名为C96式毛瑟手枪。

◀C96是世界上出现最早的自动手枪之一

勃朗宁手枪

著名的枪械设计师约翰·摩西·勃朗宁曾根据博查德的发明设计了多种性能优良的手枪，其中某些类型的勃朗宁手枪自生产至今仍在许多国家的军队中装备使用。比如，勃朗宁M1935的9毫米大威力自动手枪，就是一支凭借自身性能而进入世界名枪之列的著名手枪。

◀C96简单可靠、易携带，受当时各国青睐，先后被许多国家仿制

聚焦历史

中国枪械设计者从1994年开始研制后来被命名为QSZ92的自动手枪，在1999年开始装备军队。该枪采用枪管短后坐自动方式，采用多重保险机制，能够适应各种恶劣气候和温度条件，对于目标的伤害能力强。

鲁格 P08 手枪

在一战之前就被德军采用的鲁格 P08 手枪，是德军的代表性武器之一。它由德国工程师乔治·鲁格设计，主要用途是杀伤近距离目标。德国军队于 1908 年选用这种手枪作为正式装备，它作为德国军人的一种荣耀，影响着那个特殊的年代。鲁格 P08 手枪造型优雅，结构独特，可靠性比同期的手枪好，因此是当时最具魅力的半自动手枪。

鲁格 P08 制造工艺精湛，自诞生之日起就成为全世界枪械收藏家的最爱

鲁格的改进

1898 年，乔治·鲁格在C93 博查德手枪的基础上改进设计出了新型手枪，这支枪也成为世界上第一支制式军用半自动手枪，口径为 7.65 毫米，人们将其称为 30 鲁格。在此基础上，鲁格于 1904 年又推出了新式鲁格手枪，并被德国海军采用，在 1908 年又为陆军采用，并被陆军更名为P08，开始了在德国军队中长达 30 年的服役生涯。

最大的特色

鲁格 P08 式手枪除了勇夺史上第一支军用半自动手枪的地位之外，它最大的特色还在于参考了马克沁重机枪及温彻斯特步枪的作业原理，开发出了肘节式闭锁机构。肘节式的原理，类似人类的手肘，伸直时可以抵抗很强的力量，一旦弯曲，很容易继续收缩。

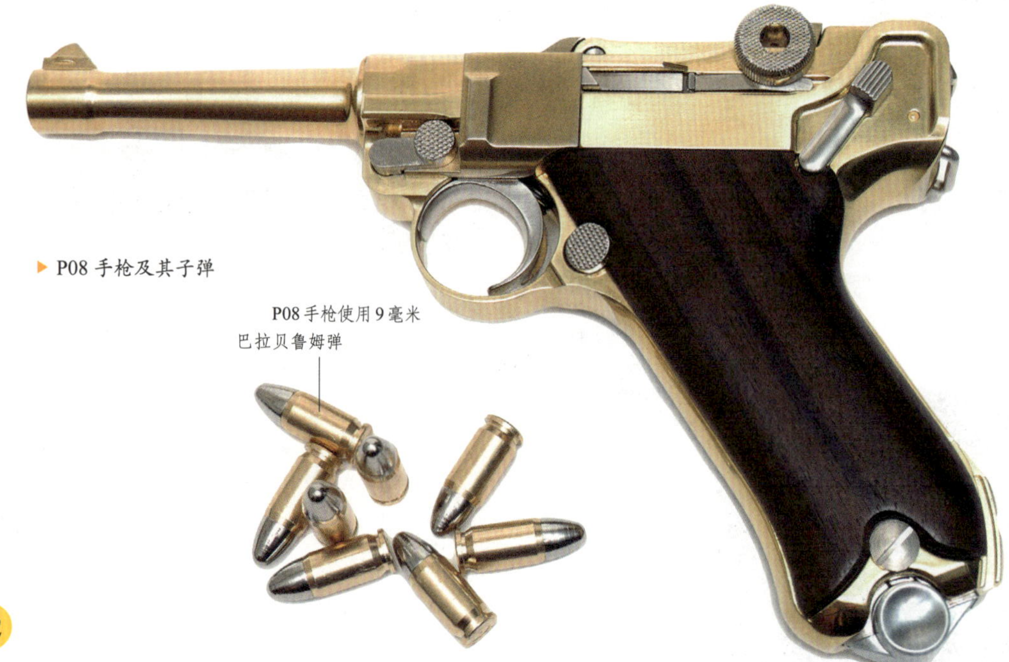

P08 手枪及其子弹

空仓挂机状态的鲁格

新的设计

P08手枪与以往手枪不同的是，它用手动保险反位，重心置后，使枪管重量减轻，平衡性能好，其瞄准基线即全枪长度，从而提高射击精度，在旁边燕尾槽上有可调的防折射准星。此外，该枪还设计了有弹指示器。当枪内有子弹时，可以在壳钩左侧看见德文“GELADEN”（装填完毕之意）的字样，表示膛内有弹。

多种变型枪

P08手枪有多种变型枪。从口径看，有7.65毫米和9毫米两种，9毫米是德军为了迎合战时对大威力手枪的需求，于1936年增设的口径。另外，从枪管长度看，P08手枪有标准型（枪管长102毫米）、海军型（枪管长152毫米）、炮兵型（枪管长203毫米）、卡宾枪型（枪管长298毫米）和商用型（枪管长有89毫米、120毫米、191毫米、254毫米和610毫米）5种。

见微知著　闭锁机构

闭锁机构是指子弹发射时关闭弹膛，承受火药燃气压力的机构，一般可以分为惯性闭锁机构和刚性闭锁机构两大类。它的主要作用是在武器发射时闭锁枪膛，顶住弹壳，防止火药气体向后逸出，以保证发射准确可靠。

收藏价值

P08手枪造型优雅，生产工艺要求高，零部件较多，成本也较高。该枪在1938年被P38手枪取代，但它的生产并未停止，直到1942年底才正式结束其批量生产。据资料记载，P08手枪共生产约205万把，经过二战的消耗，剩余极少，这更提高了其收藏价值。

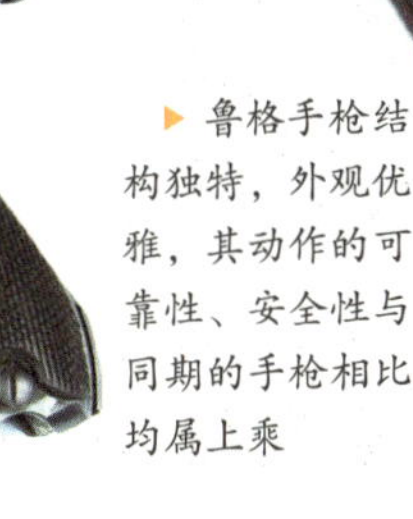
鲁格P08及其弹匣

鲁格手枪结构独特，外观优雅，其动作的可靠性、安全性与同期的手枪相比均属上乘

“沙漠之鹰”

“沙漠之鹰”手枪是以色列IMI公司研制的一种进攻性手枪，这种手枪是专门为近战中能一发制敌而研制的。由于受电影和第一人称射击游戏（尤其是CS）的影响，“沙漠之鹰”有很高的威望，因此人们对它赞赏不已。现在，一些国家的特种部队队员往往喜欢在腰间别一把“沙漠之鹰”，除了显得神气外，还能给他们带来更多的安全感。

疯狂的创意

“沙漠之鹰”发源于一个创意。当时，在大口径手枪马格南研究公司，有三个家伙突然想制造一把半自动、气动的大口径手枪。许多枪械爱好者都认为马格南疯了，可马格南却一意孤行。于是，一把让成千上万人疯狂痴迷的传奇之枪诞生了。

▲ 霸气十足的“沙漠之鹰”

◀ “沙漠之鹰”Mark XIX 型

口径的改进

1982年公布的“沙漠之鹰”的口径是9毫米。为了追求比它还大的威力，马格南研究公司推出了口径10毫米的“沙漠之鹰”，不久又推出了口径11毫米的半自动“沙漠之鹰”。1989年该公司对“沙漠之鹰”进行了标准化定型，1994年推出了口径12.7毫米的改进型枪，此后，仍不断改进。

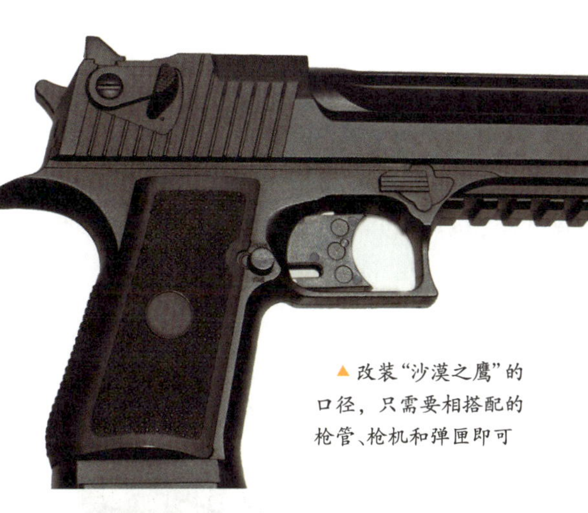

▲改装"沙漠之鹰"的口径，只需要相搭配的枪管、枪机和弹匣即可

突出特点

与其他自动手枪相比，"沙漠之鹰"的一个最大特点就是采用导气式开锁原理和枪机回转式闭锁。这是因为它发射的马格南左轮手枪弹的威力太大，一般大威力自动手枪所用的刚性闭锁原理根本无法承受。"沙漠之鹰"的多边形枪管是精锻而成的，标准枪为 15.24 厘米，另外也有 25.4 厘米的长枪管可供选用，可直接更换的枪管有 4 种。其弹匣是单排式的，不同口径型号的弹容量不同。它发射的子弹射入人体后能将巨大的动能传递给肌肉和其他器官，造成严重的伤害。

"袖珍炮"

"沙漠之鹰"手枪原作为运动手枪使用，由于威力强大，很快转到了军警人员手中，并获得"袖珍炮"的雅号。其威力更让人称道，据说加长枪管后用于狩猎的"沙漠之鹰"，射程达 200 米，可以轻易地把一头麋鹿放倒。

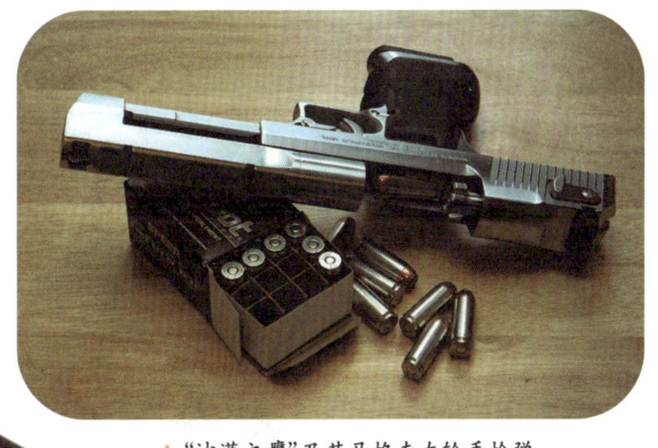

▲"沙漠之鹰"及其马格南左轮手枪弹

★聚焦历史★

马格南研究公司的第一把原型枪在 1981 年完成，并在 1982 年公布。这种手枪在 1983 年开始以 IMI 生产的"沙漠之鹰"的形式生产和销售。不过直到 1985 年，"沙漠之鹰"才正式出现在美国手枪市场的售货架上。

◀"沙漠之鹰"比普通手枪要大得多，很难隐蔽携带

巨大的后坐力

尽管"沙漠之鹰"的威力巨大，但它有一个广为人知的缺点，那就是它开枪时会产生巨大的后坐力。甚至有一个极端的例子：有一个初次使用"沙漠之鹰"的人因为没有注意握枪动作而使右手腕骨折。有人开玩笑说只有体重达到 80 千克的人才能正常驾驭它。虽然这个例子有点极端，但"沙漠之鹰"的后坐力的确不能让人小瞧。

“常青树”M1911

在手枪发展史上，有一支至今仍被一些国家的军队装备的“老寿星”，这就是美国柯尔特 M1911 及其改进型 M1911A1 式自动手枪。M1911 手枪最初是由大名鼎鼎的美国著名枪械设计师和发明家勃朗宁设计的。该枪从 1911 年被美军采用，到 1985 年才陆续退役，服役长达 74 年，可谓是手枪中的“常青树”。

生产前的改进

1911 年 3 月 29 日，由勃朗宁设计、柯尔特公司生产的自动手枪被选为美军制式武器，并正式命名为“柯尔特 M1911 自动手枪”。M1911 手枪从样枪到正式生产进行了如下改进：减小了线膛部分的内径，增加了阳线的高度；在扳机后方增加了拇指槽；握把背部拱起，表面增加了刻纹；增加了准星的宽度，降低了枪尾部的凸出部分。但是，人们从未对 M1911 手枪的自动机构进行任何改动，说明当初的设计几近完美。

▲ M1911A1 式自动手枪

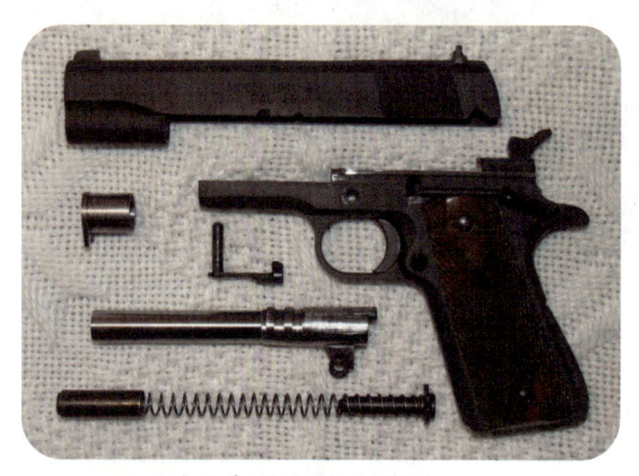

▲ 柯尔特 M1911A1 的分解图

二战的洗礼

一战结束后，美国政府同意对 M1911 式手枪的设计进行多处改动，1926 年 5 月 20 日，改进型被正式命名为 M1911A1。M1911A1 被命名后，真正给予其洗礼的是二战。在这次大战中，M1911A1 手枪大显身手。仅在美国柯尔特公司及其他几家公司，就生产了 180 万支，充分满足了战争的需要。

久经考验

柯尔特 M1911A1 手枪自装备部队以来，跟随美军经历了无数次的大小战役，几乎见证了美国在世界上的每一个战争历程，包括一战、二战甚至海湾战争。从比利时泥泞的无人区到越南浓密的热带丛林，它经受住了各种条件的考验。

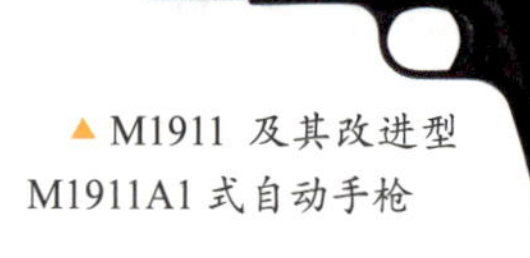

▲ M1911 及其改进型 M1911A1 式自动手枪

军用手枪之王

二战结束后，美国陆军曾对世界上几种著名的手枪进行过一次评选，参加角逐的有德国的“沃尔特”、日本的“14式”、美国的“柯尔特45式”和M1911A1等。专家们从手枪的构造、命中率、杀伤力、射速等方面比较，M1911A1手枪以满分独占鳌头，被誉为“军用手枪之王”。

▲ 92F伯莱塔手枪，即M9式手枪，为美军现役制式手枪

光荣退役

M1911系列手枪是被大量制造、广泛使用，并为世界各国普遍仿造的名品。大半个世纪以来，美国军人都把这种手枪看作危急关头拯救自己生命的忠实伙伴。1985年，美国政府宣布M1911A1光荣退役，在这场没有硝烟的战争中，M1911A1败给了9毫米92F伯莱塔手枪，并将这种新式手枪命名为M9。

聚焦历史

关于M1911手枪的故事很多，其中最为传奇的是约克上士的故事。1918年10月8日，美国远征军上士约克在用一支步枪射杀了德军的一个机枪组后，仅用一支M1911手枪就威逼住132名德国士兵放下武器并押往俘虏营。

▼ 据不完全统计，截至1945年二战结束，美军已经购买了270多万把“柯尔特”自动手枪。而且该枪的派生产品有100多种，这在枪械发展史上是绝无仅有的

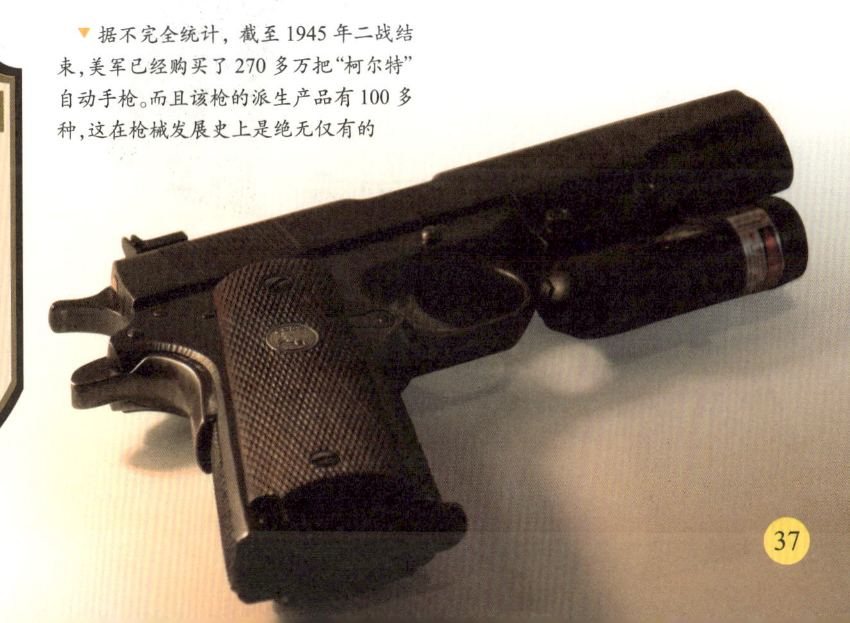

瓦尔特 PP 手枪

1929 年，德国瓦尔特公司推出了一种具有划时代意义的自动手枪，这就是众所周知的 PP 手枪。PP 手枪的结构具有革命性的创新，它的设计者成功地把转轮手枪的双动发射机构与自动手枪有机地结合在一起，实现了划时代的历史性跨越。这种简约的设计更有利于隐秘携带，因此这种结构理念体现在几乎所有的现代自动手枪上。

瓦尔特公司

说起德国手枪，就必须要提到瓦尔特公司。瓦尔特公司成立于 1886 年，由卡尔·瓦尔特创立。该公司曾经为德国生产了大量的手枪产品，最初的产品有 9 个型号，但并不都很出名。一战后，瓦尔特公司先后推出了 PP 手枪、PPK 手枪和 P38 手枪三种手枪，由于这三种手枪在二战中被广泛使用，成为当时最为著名的手枪，瓦尔特公司也因此而名噪一时。

▲ 瓦尔特公司的标志

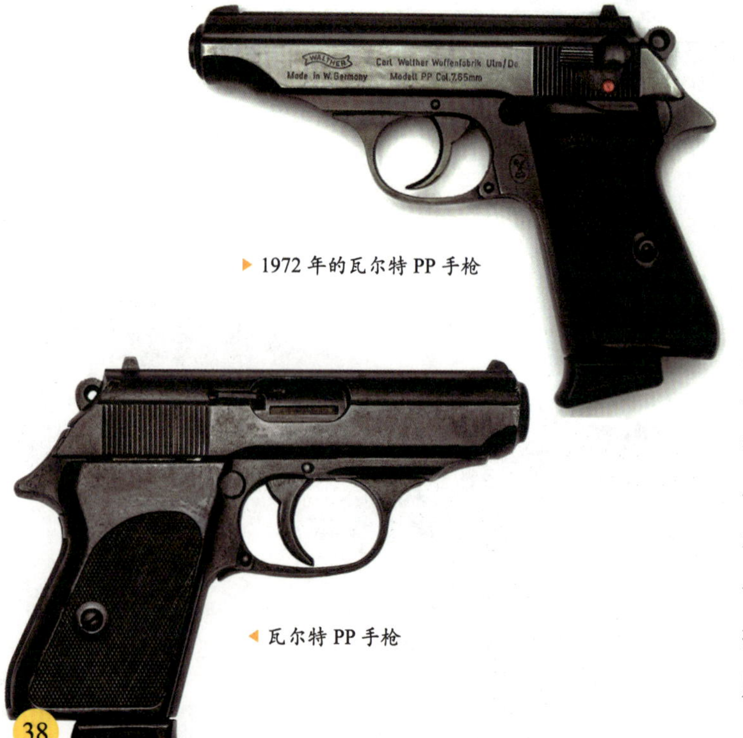

▶ 1972 年的瓦尔特 PP 手枪

◀ 瓦尔特 PP 手枪

PP 手枪

PP 系列手枪中最早出现的是 PP 手枪。这是一款专门为警察部门研制的手枪，采用自由枪机式自动方式，在结构上集中了当时世界上一系列最先进的设计特点。它的双动扳机配合击锤击发系统设计使子弹上膛后安全性提高，一旦遭遇状况，警察可立即拔枪射击。虽然击锤是在原位，但可经由扣动扳机使双动扳机的机械联动使击锤扬起后，再释放击打撞针，上述动作仅靠一根食指就可完成，而空出的另一只手则可用于制服嫌犯。

通用部件众多

PPK手枪的问世，事实上与PP手枪构成了一个适合于特殊工作需要的自卫手枪族。PP/PPK手枪的结构极为简单，两枪的零件总数分别是42件和39件，而其中可以通用的零件为29件。

瓦尔特PPK-L手枪

瓦尔特PPK-E手枪

广泛使用

二战期间，瓦尔特PP和PPK手枪被广泛配发给德国宪兵、空军和其他勤务人员使用，纳粹党的官员们也乐于佩戴这种手枪。值得一提的是，向来很少佩带武器的阿道夫·希特勒本人也拥有瓦尔特PPK手枪，在苏军逼近柏林的元首地下隐蔽部的最后时刻，他正是用PPK手枪自尽的。时至今日，PP/PPK手枪仍在欧美乃至世界各地被广泛使用。

手持瓦尔特PPK手枪准备射击

寻根问底

为什么德军使用的制式手枪都是以P开头命名的？

1904年，德意志帝国海军采用鲁格手枪作为制式武器，并将其命名为P04手枪，从此开创了德军手枪以P开头命名的先河。后来，这一命名传统就沿用了下来。

冲锋手枪

由于部分自动手枪使用大威力子弹、大容量弹夹，可以加装枪托抵肩全自动射击，并在50～80米距离内能形成猛烈的火力，用于战斗用途，因此被称为冲锋手枪或战斗手枪，有些国家也将其称为突击手枪。它的典型型号就是德国生产的“毛瑟”式7.63毫米自动手枪，中国称为“盒子炮”“20响”或“驳壳枪”。

冲锋手枪的特点

冲锋手枪具有半自动手枪的基本性能，兼有冲锋枪可以连发射击的特点，一般配有分离式枪托。这种分离式枪托一般由装枪的木盒或枪套构成，在连发射击前，将枪托结合到握把上，这样可以抵肩射击，提高射程，命中率也会大大提高。

毛瑟C96手枪是第一种被广泛使用的冲锋手枪

“盒子炮”

毛瑟手枪也是较早研制和使用的自动手枪，它有许多型号，而其中的毛瑟M1932则是强中的精品。中国人对毛瑟手枪的态度可以用美国人对柯尔特左轮手枪所表达的爱慕之情作比拟。谁要背挂一支木盒托的毛瑟“盒子炮”，必定非常惹人注目，甚至招来嫉妒，因为毛瑟“盒子炮”是一种信得过的随身武器，在战斗中使用非常成功。中国军事博物馆收藏的朱德在“八一”南昌起义时使用的手枪就是毛瑟手枪。

格洛克18型9毫米全自动手枪。当选择自动射击时，它的射速高达每分钟1200发，完全可以与冲锋枪相媲美，因此甚至有人将其改造成冲锋枪样式

施泰尔战术冲锋手枪(TMP)

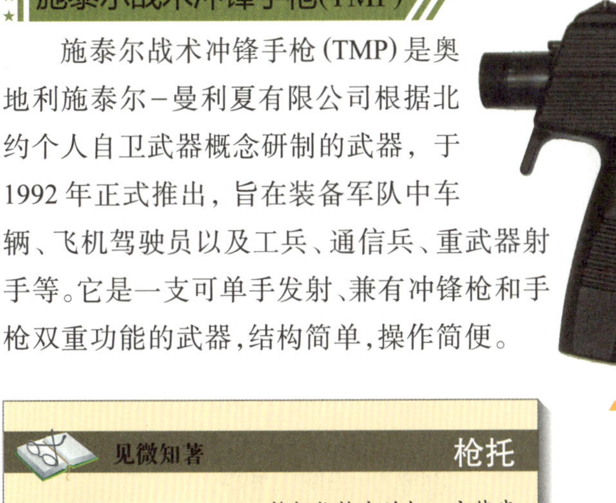

施泰尔战术冲锋手枪(TMP)是奥地利施泰尔-曼利夏有限公司根据北约个人自卫武器概念研制的武器，于1992年正式推出，旨在装备军队中车辆、飞机驾驶员以及工兵、通信兵、重武器射手等。它是一支可单手发射、兼有冲锋枪和手枪双重功能的武器，结构简单，操作简便。

▲ 施泰尔战术冲锋手枪

> **见微知著　　枪托**
>
> 
>
> 枪托指枪支的柄，安装步枪、猎枪的枪筒、接受器和其他装置的木头制作的供端起来瞄准射击的部件。它的位置通常在枪的末端，为枪支的组成部分之一，开枪时顶在肩上。步枪枪托位于与枪口相对的一端。

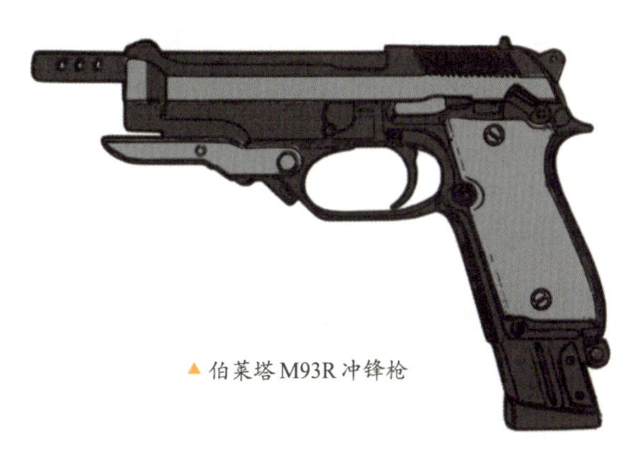

▲ 伯莱塔 M93R 冲锋枪

伯莱塔 M93R 冲锋枪

伯莱塔 M93R 式 9 毫米冲锋手枪是意大利伯莱塔公司为意大利特种部队研制的一种全自动手枪。它的自动方式与 92F 式手枪没有多大区别，但在套筒左上方增加一个快慢机，可使其进行单发或三发点射射击。点射时，该枪可以利用折叠枪托和小握把实施腰际夹持射击或抵肩射击，两种射击方式都能有效地控制手枪连发时的枪口剧烈跳动。

▲ HK VP70 是一种比较著名的三发点射冲锋手枪

KF-AMP 系列突击冲锋手枪

KF-AMP 系列突击冲锋手枪是美国研究协会近年来为满足特种部队反恐怖战斗和保安需求而研制的。目前主要有 5 种型号 KF-9-AMP、KF-59-AMP、KF-3-AMP、KF-11-AMP 和 KF-54-AMP。KF-AMP 系列冲锋手枪广泛采用冲压件，结构紧凑，体积小，操作方便，射击精度高。

▲ mac 10 冲锋手枪

运动手枪

运动手枪也被称为竞赛手枪，是一种专供射击运动员进行射击比赛用的枪。大家在观看射击比赛时经常可以看到这种手枪，中国在奥运会上打破金牌“零”纪录的优秀运动员许海峰，使用的就是运动手枪。这类手枪的特点是装有专门的瞄准装置，射击精确度比较高，外形美观大方，加工精致考究，握在手中感觉也比较舒服。

运动手枪的分类

运动手枪分为转轮手枪、小口径速射手枪、慢射手枪、标准手枪和气手枪。大口径一般大于7.62毫米，小口径一般小于5.6毫米。其中，气手枪的原理和我们平时遇到的气枪的原理一样，都是将空气转化为动力，推动气枪子弹（铅弹）。不过，比赛用的气手枪是把空气（二氧化碳）压缩成液体，形成高压，推动铅弹。

运动手枪都有调整机构，可以满足不同运动员的要求

与军用手枪的区别

运动手枪与军用手枪的区别主要体现在三个方面。一是要求的重点不同。军用手枪要求的重点是杀伤力大和易操作性，对精度指标要求相对较低；运动手枪要求的重点是射击精度高，机构动作可靠。二是使用的环境不同。军用手枪要求适应各种环境，而运动手枪一般都在常温条件下使用。三是使用的对象不同的。军用手枪是大批军人或警察使用的，要求通用性强；运动手枪则由单个运动员射击比赛使用，更强调个性化。

运动枪弹

相比于军用枪弹来说,运动枪弹的速度要低得多,其弹头的材质为较软的铅,对膛线的磨损小得多,所以运动手枪的内膛不需要镀铬。目前,国际射击比赛中使用较普遍的是英国及芬兰产的5.6毫米运动长弹。

运动手枪及子弹

瓦尔特 GSP 手枪

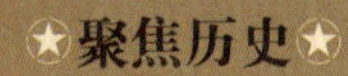

聚焦历史

在2004年雅典奥运会男子10米气手枪决赛中,中国射击老将王义夫以总成绩690.0环勇夺冠军,他的成绩还打破了奥运会纪录。这是王义夫在奥运会上获得的第二枚金牌,也是中国代表团在此届奥运会上获得的第二枚金牌。

手枪速射与手枪慢射

手枪速射项目是从对隐显的人像靶子射击发展演变而来的。1984年,第十四届奥运会就已经形成了较完整的竞赛规则,以后成为历届奥运会的传统项目。手枪速射是在规定时间内,对5个隐显目标进行连续射击的项目,快速、准确是其特点。而手枪慢射则是手枪项目中射击距离远、比赛持续时间长、技术难度较大的精确射击项目。

运动手枪一般射击精度高,射击密集度好

瓦尔特 GSP 标准运动手枪

瓦尔特 GSP5.6 毫米标准运动手枪是德国卡尔·瓦尔特有限公司研制生产的,主要供射击比赛用,是世界名枪之一。它的特点是结构设计合理、功能齐全、工作可靠、操作方便、射击精度高,既可以作射击比赛用,又能够作射击训练用。

微声手枪

微声手枪是一种特殊的作战武器。说它特殊，主要是它具有普通手枪所不具备的良好的“三微”性能，即微声、微烟、微焰，尤其是特有的“微声”性能使得微声手枪成为侦察员进行特种侦察时，隐蔽杀伤敌方的首选武器。作为特殊枪中的沉默杀手，在谍战类或者暗杀类的影视作品中，常常会出现微声手枪的身影。

▲加了消声器的FN57自动手枪

▲PSS 7.62毫米微声手枪

无声手枪

微声手枪通常被称作无声手枪。但实际上，它在射击时并非完全无声，而是声音微弱，即使是在寂静的环境中，一般也不会引起附近其他人的注意。通常，被微声枪击中的人是在毫无防备的情况下悄然无声地倒下，这种隐蔽的杀人方式也就成为秘密军事行动组织的惯用方式。

微声枪的诞生

微声枪通常是用装在普通枪管上的消声器来起到消声作用的。1908年，美国制造商和发明家海勒姆·铂西·马克沁发明了世界上第一个枪用消声器，微声枪由此而诞生。马克沁喜欢安静环境，讨厌嘈杂声，特别是打猎时的猎枪声。为此，他决心研制出能消除噪声的装置。马克沁认为，通过某种装置使枪弹击发时排出的气体作旋转运动，就可充分消除噪声。1908年，马克沁制造出第一个猎枪用消声器，使猎枪射击声大大减小。同年3月25日，马克沁获得这项发明的专利。

▲装上了消声器的各式枪械

近在咫尺

据说，第一批微声手枪生产出来后，美国总统的一位好友悄悄带着一把微声手枪和沙袋进了白宫，准备送给总统。正巧那时，总统正在办公室与别人谈话，于是总统的这位朋友把沙袋放在办公室外的角落，用微声手枪向沙袋连开10枪。当他把还有余热的手枪递给总统时，总统才知道有人竟然在近在咫尺的地方开枪了。

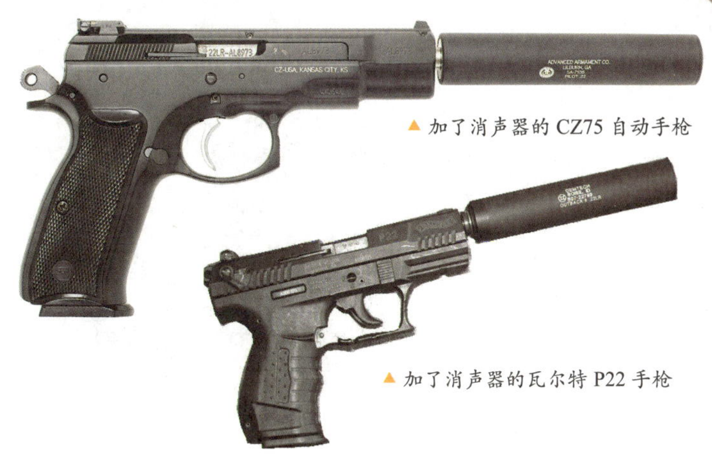

▲ 加了消声器的CZ75自动手枪

▲ 加了消声器的瓦尔特P22手枪

P22手枪

P22手枪是以面向军队和警察的瓦尔特P99手枪为基础而开发的5.56毫米小口径护身用手枪。该枪小巧玲珑，非常容易操作，采用安全性极高的保险系统，因此即使是在弹膛内装有枪弹的情况下携带，也没有任何危险。

06式微声手枪

06式微声手枪是中国自行研制的第一种小口径微声手枪，主要装备于侦察兵及其他特业人员。它使用5.8毫米微声弹，以单发火力隐蔽杀伤50米距离内有单兵防护的有生目标，所采用的半自由枪机式自动原理具有一定的科学独特性，总体性能也达到了世界先进水平。

聚焦历史

1912年，美国将马克沁的消声器加以改进，装在步枪上，制造出了最早的微声步枪。后来又制成了微声手枪，供谍报人员和特种部队使用。不过，直到二战期间，微声枪才广泛用于实战。

战场上的手枪

手枪在战场上曾发挥过重要的作用，它是一战时的主力火器，二战时也经常被使用。实际上，在具体的战争中，手枪在战场上的作用显然不如飞机、大炮，但是在历史上，手枪却在另一个战场上扮演着非常重要的角色，政治人物的命运同手枪有着紧密的联系，同时也将人类推向战争的深渊。

冲锋陷阵

在一战期间，许多美国步兵都装备了手枪，并且将手枪看作是自己的贴身保镖。它被认为是最值得信赖的武器，尽管几乎所有的士兵都有更有效的武器可用，但没有人会否认它所带来的安全感。在硝烟弥漫的战场，那些手持枪支在战场上冲锋陷阵、纵横驰骋的英雄，如神出鬼没的"双枪李向阳""双枪老太婆"，至今依然令人们钦佩不已，印象深刻。

▲ 二战中的名枪——鲁格手枪

军官的特权

由于手枪射程近、精确性差，因此在实际战争中如果遇到敌人，还是步枪更好用些。在二战时，手枪只配备给军官和班长，而不是步兵的制式武器。那时的手枪几乎成了军官的特权，往往成为军人官职和地位的象征。一位高级军官使用的手枪通常和他的级别和身份有关，如二战时美国巴顿将军的转轮手枪的枪柄是用象牙制的，上面还镶有珍珠。

◀ 手枪曾在一度时期是军人官职和地位的象征

瓦尔特 P38 型手枪

肆虐的工具

德国著名的瓦尔特兵工厂设计的P38型手枪作为德军的标准配制，在二战中成了德国法西斯到处肆虐的工具。但作为单兵武器，P38 的确是一种设计优秀的手枪。它设计简单、安全可靠、易于大批量生产。在紧急情况下，迅速开火比瞄准更重要，该枪具有双重制动特性，仅需简单地扣动扳机就可以完成竖起击铁和射出枪膛里的子弹这一系列动作。

萨拉热窝事件

1914 年 6 月 28 日，波斯尼亚首府萨拉热窝热闹非凡。一名叫普林西普的小伙子用手枪射杀了正在此地访问的奥匈帝国皇储迪斐南夫妇，可能连他自己也没想到，这次事件竟成了一战的导火索。

萨拉热窝事件

寻根问底

手枪在和平年代还有什么用处？

手枪是近距离攻击的利器，现代战争中手枪的作用已越来越小，也不像最初那样成为特权与荣誉的象征。但在和平年代，手枪却成为罪犯扰乱社会治安和执勤人员制服罪犯的必要利器。

1918 年 10 月 8 日，阿尔威·约克用一支恩菲尔德 M1917 步枪射杀了德军的一个机枪组后，仅用一支柯尔特 M1911 自动手枪，就使 132 名德国士兵投降

战斗效能低下

二战以后，美国军事机构所积累的战伤档案表明，在战场上由手枪造成的枪伤微乎其微，由此对手枪的战术使用价值打了一个大问号。俄国人早就得出结论：在短兵相接时，部队手中的武器不应该是手枪，而应该是威力更大的冲锋枪。

电影中的手枪

手枪这种既小又轻的致命武器，因为体积小、适合隐藏、防不胜防而深受影视导演的宠爱。在电影中，手枪常常是与个人英雄形象紧密联系在一起的。一个个鲜活的英雄形象一次次征服了观众，一些手枪也随着电影的走红而风靡世界，如德国瓦尔特公司的PPK和P99系列手枪便随着邦德红遍了全世界，于是许多国家的快速反应部队纷纷列装。

荧幕的宠儿

“沙漠之鹰”彪悍的外形、不是任何人都能控制的发射力量是小巧玲珑的战斗手枪所不能替代的。好莱坞的导演们却对它的这一特点喜爱有加，当剧本中提到“有强大威慑力的手枪”时，大家几乎都是选择“沙漠之鹰”作为道具。1984年，“沙漠之鹰”第一次在电影中登场。从此以后，它在近500部电影、电视中亮过相，这里的统计还不包括美国以外的影视作品。

▲ 电影《未来战士》中的“沙漠之鹰”

手枪界的当红小生

奥地利公司在20世纪80年代应军方要求研制成功了一种独特的9毫米手枪。这种手枪采用合成材料的套筒座，结构简单，重量轻，名为格洛克17型手枪。近些年来，格洛克17型手枪已经成为好莱坞导演们的新宠，俨然是手枪界的当红小生。它的容弹量达到了17发，让持枪者在枪战时底气十足。轻巧的手感加上大弹匣赋予的持续射击能力，无怪乎导演和明星们都愿意用它来制造火爆场面。

▼ 格洛克17型手枪既轻巧而又不失棱角的造型是让它频频出镜的原因之一

007强力推荐

在1997年上映的007系列电影《明日帝国》中，詹姆士·邦德手持P99首次亮相，替换了男主角使用了30多年的PPK手枪。而瓦尔特公司借助电影在全球放映，也达到了为新枪做宣传的目的。借助电影的宣传效应，P99凭借着短小精悍的身材和先进可靠的性能，很快成为诸如美国中情局（CIA），英国的MIHa5、MIHa6与空降特勤团（SAS），德国的GSGHa9特种部队与以色列摩萨德等情报局的“宠儿”。

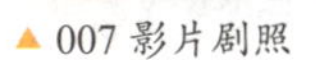

▲ 007影片剧照

▶ 瓦尔特PPK

寻根问底

格洛克系列手枪最大特点是什么？

格洛克系列手枪最大特点是大量采用工程塑料，而格洛克17型手枪则是世界上采用塑料部件最多的手枪。这样做的优势很多，不仅使手枪的造价低廉、手感好，而且重量也有了突破性减轻。

▲ 电影中的手枪

电影中的宣传

意大利伯莱塔公司生产的92F式9毫米手枪，是在92式系列手枪基础上研制而成的，被美军采用后命名为M9式手枪。此枪枪身使用轻合金制造，整个枪的重量很轻，性能可靠，美军的青睐更使其声名远扬。在马克·鲍顿的电影《黑鹰坠落》中提到M9手枪的容弹量大，这一特点在激烈的交战中发挥了重要作用。游骑兵队员在被包围的情况下，一手更换步枪弹匣，另一手继续用M9手枪向蜂拥而来的人射击，足见其在关键时候的作用。

▼ M9游骑兵手枪

未来的手枪

手枪在古今战争中有很广泛的应用，在现代各国的治安保卫中仍扮演着非常重要的角色。随着科学技术的不断发展，人们又在研究和生产更加新颖的手枪。未来的手枪逐渐向微型、智能型等方面发展。枪的杀伤部分也不仅仅限于火药和弹丸，与人类历史上任何时候一样，最新的实用技术一定会被用来制作武器，手枪也不例外。

激光手枪

激光手枪是我们在科幻动画片中常常可以见到的超级武器，其所射击的目标，无不被它摧毁。激光手枪采用蓝宝石激光器，输出的激光波长为 780 纳米(极小的长度单位)。用氦氖激光器辅助瞄准目标。激光手枪作用距离为 5~10 米，是军警、特工得手的自卫和攻击武器。

大显身手

激光枪第一次应用是美国田纳西州警方缉捕绑架人质的犯罪嫌疑人。当时狡猾的犯罪嫌疑人绑架人质后躲在高层建筑里，人质露在窗口，犯罪嫌疑人却不露面，只有一支自动步枪的枪管伸出窗外，警方狙击手无法首发击毙犯罪嫌疑人，于是激光枪便被派上了用场。当瞄准镜瞄准那只金属枪管后，一按电钮，光电几乎同时射出，只听那犯罪嫌疑人大叫一声，跌倒在地，自动步枪被甩出窗外掉下高楼。这时，房间外的警察破门而入，将犯罪嫌疑人捕获归案。

▼激光手枪

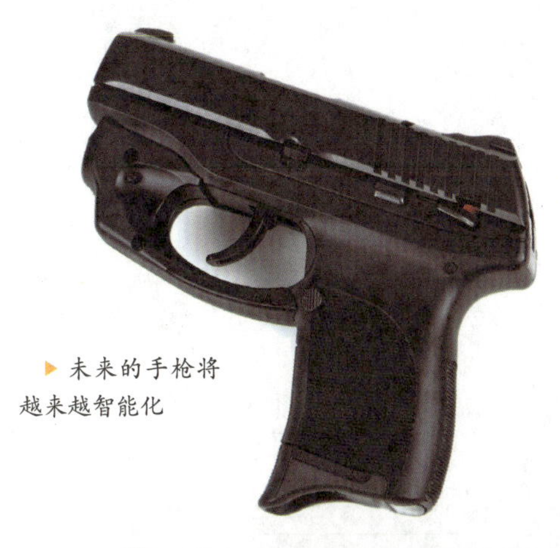
未来的手枪将越来越智能化

趋于进攻化

在未来的反恐作战中，手枪的发展将会突显其进攻的性能。10毫米以上口径将成为首选；射速的要求则趋向高速化；枪弹突出一定的穿透能力，特别是能够对车辆造成一定的损坏，以满足进攻的作战需求。

MK23 手枪

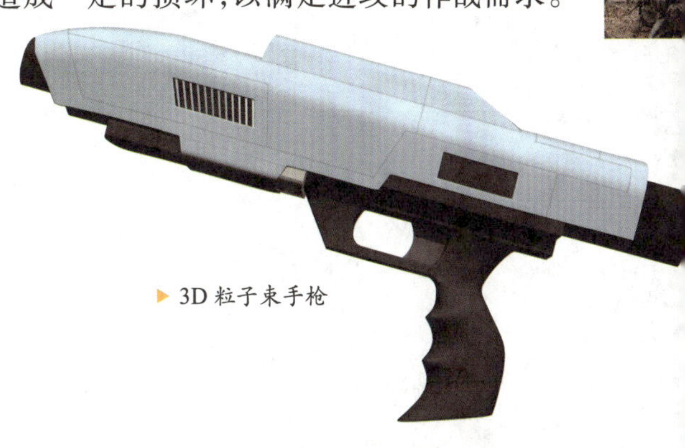
3D 粒子束手枪

> **见微知著　传感器**
>
> 传感器是一种以测量为目的，以一定精度把被测量转换为与之有确定关系的、易于处理的电量信号输出的装置。其特点包括微型化、数字化、智能化、多功能化、系统化和网络化，是实现自动检测和自动控制的首要环节。

MK23 美国特种作战突击队手枪

MK23 是 HK 公司根据美国特种作战司令部的要求而研制的进攻型手枪，这种手枪的正式名称为“Mark 23 Mod 0”，它的弹匣能容 12 发子弹。1991 年 8 月，美国特种作战司令部选定了柯尔特和 HK 这两家公司进行竞投，并经过 7 个月的评估后，最后 HK 在比较试验中获胜。1996 年 5 月 1 日，MK23 开始正式交付到特种部队使用。

研制智能手枪

美国目前正在研制一种智能手枪，这种枪只有持枪主人自己使用时，才能射出子弹。据统计，美国每四个被枪击伤的警察中，就有一个是被别人抢去了自己的枪而被击中的。因此，这种智能安全手枪对警察和儿童的安全特别有益，犯罪分子即使从警察那儿窃取了手枪，也无法行凶。这种手枪的握把里装有传感器，可以鉴别握枪者，如果不是它的主人，就会直接关闭。

步　枪 ▸▸▸

步枪是步兵使用的基本武器，它是以火力、枪刺和枪托杀伤敌人，也是杀伤单个目标的有效武器。这种长管枪械是使用范围最广泛的单兵武器，短兵相接时，还可用刺刀和枪托进行格斗，有的还可发射枪榴弹这种特殊弹药，使之具有点、面杀伤和反装甲能力。步枪出现的时间很早，在火药刚出现的时候，就有类似于步枪的火器了。无论是普通步枪、突击步枪、狙击步枪，还是当今世界各国现装备的和新研制的现代步枪，都是在不断的改进中逐渐完善起来的。

步枪的发展

步枪最早起源于中国发明的突火枪和火铳。它的身体要比手枪魁梧，却和手枪有着非常相似的发展历史，都经过了火绳枪、燧发枪、前装枪、后装枪、线膛枪等几个阶段，以后又由非自动改进发展成半自动和全自动等。由于现代步枪的枪管大多使用了膛线(来复线)，因此步枪也被人们称为“来复枪”。

前装枪

从16世纪末至19世纪中叶，欧洲各国军队装备的都是前装枪，而且多是前装滑膛枪。前装枪就是从枪口装填弹药的枪，一般由身管、枪机和握把(或枪托)组成。最早的前装枪弹丸是从枪口装入的，然后再用底药燃烧产生推力将弹丸射出，这种最原始的枪操作太慢，以至于步兵作战时不得不分成三组，一组射击，一组准备，另一组装弹，无疑是人力、物力的极大浪费。

◀ 早期前装枪在每次开火之后总要先清理枪管，然后再填入新的弹药

后装式步枪

1835年，由美国人德莱赛发明的世界上第一种真正成功的后装式步枪问世。这种步枪使用定装式枪弹，结束了火药跟弹头分装的历史。德莱赛步枪使用击针发火装置，这与现代步枪已经很相似了，它结束了步枪问世500年以来都是从枪口装填弹药的历史。

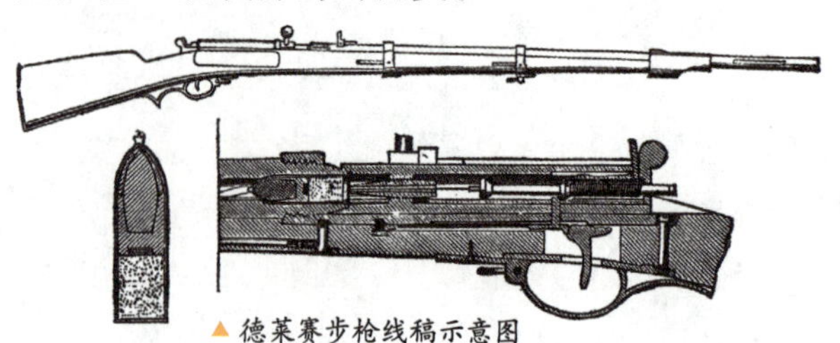

▲ 德莱赛步枪线稿示意图

▲ 德莱塞雕像(左)

▲ 克里斯托夫·斯宾塞

▲ 斯宾塞发明的步枪

能够连发的步枪

世界上第一支能够连发的步枪是由美国人克里斯托夫·斯宾塞于1860年发明的。这支枪的枪托内有一直通枪膛的洞，洞内即弹仓，洞口有弹簧，以簧力推子弹入膛。在美国南北战争中，斯宾塞来复步枪可以说是北方在内战期间最杰出的武器发明。1866年，美国人奥利弗·温切斯特也研制了一种连发枪，称为“温切斯特步枪”。但是，这时的连发枪只是能够从弹仓中接连推弹入膛而已，开锁和退壳等动作还需手动操作来完成。

步枪的分类

步枪按照自动化程度可以分为非自动、半自动(自动装填)和全自动三种。按照作战方式的不同，可以分为突击步枪、骑枪(卡宾枪)和狙击步枪。按照装备对象的不同，可以分为民用步枪、军用步枪、警用步枪。按照使用的枪弹，又可分为大威力枪弹步枪、中间型枪弹步枪、小口径枪弹步枪。

见微知著　射速

射速是指射击武器在1分钟内发射的弹数，分为战斗射速和理论射速。由于测战斗射速时要求一定的命中精度，射手要做一系列的射击动作，占了相当长的时间，因此在单位时间里发射的弹数就比理论射速少。

步枪的发展趋势

近几十年来，由于科学技术的迅速发展，也出现了一些性能和作用独特的步枪，如无壳弹步枪、液体发射药步枪、箭弹步枪、未来先进战斗步枪等，为步枪的发展开辟了新的途径。另外，随着步枪弹匣容弹量的增加以及战斗射速的提高，为寻求战斗功能的优化组合，步枪和轻步枪有可能合二为一。

▼ 不同类型的步枪可以执行不同的战术使命

现代步枪

1838年，在德国的一个枪械工人家庭里出生了一个孩子，他小学毕业后进兵工厂当学徒。21岁应征入伍，退伍后又回到兵工厂当工人。本来他或许会默默地度过一生，但是由于他在1871年设计了一种全新的步枪，使他名扬世界，他就是毛瑟，现代步枪的奠基人。毛瑟枪完成了从古代火枪到现代步枪的演变，具备了现代步枪的基本结构。

"毛瑟枪"的特点

"毛瑟枪"的主要特点：有螺旋形膛线；采用金属壳定装式枪弹和无烟火药；射手操纵枪机柄，就可实现开锁、退壳、装弹和闭锁的全过程。此外，该枪还缩小了枪械口径，提高了弹头的初速、射击精度、射程和杀伤威力。

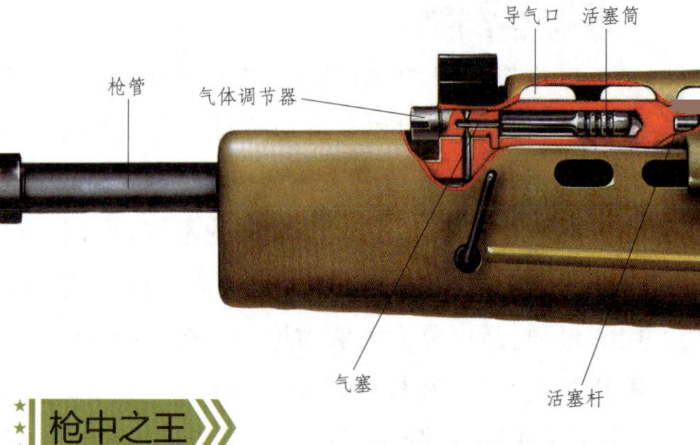

▼ 毛瑟98K步枪在一战和二战中被配发给大部分德国步兵，在两次大战中证明了它的高可靠性，亦成为枪械历史上的经典

枪中之王

毛瑟98式步枪不仅是一战中德国的制式武器，也是二战中德军大量使用的步枪之一。其次，世界上还有20多个国家的军队装备过毛瑟步枪。许多国家在进口毛瑟步枪的同时，开始大量仿制各类毛瑟步枪。中国也是最早采用和仿制毛瑟步枪的国家之一。

现代步枪之父

1825年，法国军官德尔文对螺旋形线膛枪进行了改进，设计了一种枪管尾部带药室的步枪，并一改过去长期使用的球形弹丸，发明了长圆形弹丸。德尔文的发明对后来步枪和枪弹的发展都具有重大影响，明显提高了射击精度和射程，所以恩格斯称德尔文为"现代步枪之父"。但德尔文步枪仍是从枪口装弹的前装式枪。

现代步枪的特点

现代步枪一般配有枪口制退器、消焰器、防跳器、榴弹发射器等，大都使用弹匣供弹，发射方式有单发、连发和三发点射等多种。它的战斗射速较高，半自动步枪为每分钟 35~40 发，自动步枪为每分钟 80~120 发，火力猛烈。现代步枪的寿命也很长，能达到 1~1.5 万发。

▲ SA80 突击步枪的结构

自动方式

现代步枪采用多种自动方式，包括枪机后座式（自由枪机式和半自由枪机式）、管退式现代步枪（枪管短后坐式和枪管长后坐式）、导气式（活塞长行程、活塞短行程和导气管式）。但多数现代步枪的自动方式为导气式。

重要的作用

步枪是步兵单人使用的基本武器，不同类型的步枪可以执行不同的战术使命。但是，步枪的主要作用是在近战、夜战中，在解决战斗的最后阶段，杀伤敌人有生目标和轻型装甲目标；在山岳、丛林、城镇等特定条件下歼灭敌人；在敌后袭击敌人。因此，在近战中，解决战斗的最后阶段，步枪起着重要的作用。

见微知著　消焰器

消焰器是指发射时减少膛口火光的装置。膛口安装消焰器后，一部分没燃尽的火药微粒在流入消焰器内得到燃烧，因此减少了一次焰；同时氧化不完全的气体在消焰器内，使二次焰在消焰器内部形成，以达到隐蔽的效果。

半自动步枪

半自动步枪虽不需像非自动步枪那样打一枪拉一次枪栓，但每扣动一次扳机只能发射一发子弹。现在公认的世界上第一支半自动步枪是由墨西哥将军蒙德拉贡设计发明的6.5毫米半自动步枪，并于1907年首先正式装备墨西哥军队。半自动步枪诞生后，曾在20世纪中期的各国军队中普遍装备使用，60年代后逐渐被淘汰。

半自动步枪的特点

半自动步枪是一种子弹自动装填上膛的步枪，也称为自动装弹步枪。半自动步枪在每发射一发子弹后能自动退壳，并将下一发子弹上膛待发，而不用再手动将子弹上膛，这无疑提高了士兵的射速。

▲ Gew43 步枪是二战期间德国军队装备的一种半自动步枪

▼ M1 加兰德步枪的问世，标志着手动式步枪时代的结束和自动步枪时代的到来。该枪被认为是二战中性能最佳的步枪

典型代表

美国1936年生产的M1加兰德步枪、二战期间纳粹德国军队装备的Gew43步枪，苏军装备的SVT40步枪、苏联1946年定型的SKS半自动步枪和中国仿制的56式半自动步枪，法国 MAS49式7.5毫米半自动步枪都是半自动步枪中的典型代表。

▲ 1941年，加兰德正在给陆军高级军官讲解M1步枪的特点

天才设计师

约翰·加兰德1888年1月1日出生于加拿大的一个小农场。他从1919年10月至1953年在美国春田兵工厂从事武器研究和设计工作34年，先后设计发明了54种步枪及生产这些步枪的加工设备，其中最成功的便是1935年10月定型的7.62毫米M1半自动步枪，又称加兰德步枪。M1加兰德步枪是大批量生产和使用的第一种半自动步枪。它的问世，标志着手动式步枪时代的结束和自动步枪时代的到来。

加兰德步枪的装备

到了1937年，加兰德步枪全面投产，成为美军的制式装备，但M1加兰德步枪最先装备美军的速度很慢，产量也不高。随着二战的爆发，军队才开始大量装备M1加兰德步枪。这种步枪成功地取代了美国陆军原装备的M1903春田步枪，伴随美军冲杀于二战的战火之中。加兰德步枪的装备体现了美军一贯坚持的单兵武器火力压制战术，使美军成为二战中自动武器普及率最高的军队。

聚焦历史

在二战中，德国军队曾经用手中的MP38冲锋枪横行一时，但遇到美军的加兰德步枪后，在杀伤距离上占不到半点便宜。德国军队常常被美军远距离精准而密集的火力压制得抬不起头，不能发起有效的进攻。

SVT40

托卡列夫SVT40半自动步枪是二战期间苏军步兵的主要装备，使用“莫辛·纳干”1908式凸缘步枪弹，弹匣容量10发，能连续开火。作为半自动步枪的前驱，其设计精度和历史背景，让这位“老兵”别有一番风味。

▲ 战场上的SVT40步枪

自动步枪

自动步枪是指借助于火药气体压力及弹簧的作用力完成自动装填、连续击发、具备全自动射击能力的步枪。也就是说，只要扣住扳机不放，就能连续射击，直到枪内子弹用尽。相比于半自动步枪，自动步枪的优势十分突出，它兼有冲锋枪火力猛和步枪威力大、射程远的特性，既能打单发实现精度射击，又能打连发实现火力覆盖。

FAMAS突击步枪是法国军队及警队的制式突击步枪，也是著名的无托式步枪之一

非自动步枪

非自动步枪是最古老的一种传统兵器，自13世纪出现射击火器后，经过约600年的发展，基本趋于完善。这种步枪一般为单发装填，而且装弹和退壳都要手工操作，射速低、使用不便。非自动步枪多见于老式步枪，一般枪管较长，现在已经在大多数国家军队中被淘汰。

全自动步枪

全自动步枪大都采用中间型步枪弹或小口径步枪弹，有效射程为300~400米，通常在200米以内射击效果最好，集中火力可以杀伤800米以内的集群目标，对空可以射击500米以内低飞的敌机和伞兵。现在，大多数步枪都是全自动步枪。

马克沁

马克沁与自动步枪

第一支真正的自动步枪是1883年由美国工程师马克沁发明的。步枪射击时，产生的火药气体除了将子弹射出枪管外，同时还使枪产生后坐力。马克沁就是利用部分火药气体的动力使枪完成开锁、退壳、送弹和重新闭锁等一系列动作的，从而实现了步枪的自动连续射击，并减轻了枪支对射手撞击的后坐力。

自动步枪先驱

俄国著名的枪械专家费德洛夫在1916年研制出一支6.5毫米口径的自动步枪——M1916。但是受二月革命和十月革命的影响，M1916步枪的产量很低，几乎没有对步枪领域产生任何影响。费德洛夫曾说过一句超前了半个世纪的话："单兵武器的未来演进可能出现两种类型的枪械：一种为冲锋枪和轻型卡宾枪合二为一，使用新枪弹(即现代短突击步枪的概念)；另一种为轻型自动步枪，应当使用威力较大一些的枪弹(即现代突击步枪的概念)。"

费德洛夫

绝妙的构思和优良的作战技术性能，使得G36自动步枪公开不久便引起了世界枪坛的广泛关注，并在短短数年间，排在了世界小口径名枪的行列

G36自动步枪

G36自动步枪是德国联邦国防军装备的一种自动步枪。优异性能令HK公司对G36投入了更多的精力，为满足不同的作战需求，对G36标准型突击步枪进行不同程度的改造，推出了多种变型枪。G36已经装备了德国军队，世界上其他国家和地区也都相继采用G36作为其制式武器，G36更是特种部队和执法机构士兵所喜爱的武器。

见微知著　有效射程

有效射程也叫有效射击距离，武器对各种目标射击时能获得可靠射击效果的距离。通常，各种武器的有效射程依其性能和目标种类而定。它是一个仅具有参考意义的数据，跟战场的实际环境总是有所出入的。

M14 自动步枪

M14 自动步枪是加兰德在二战后以 M1 为基础而开发的，1957 年投入使用，1968 年被撤装掉。M14 被取代并不能说明它的性能差，只是从现代战争的大环境而言，M14 是一种过时的武器。不过，M14 依靠自身精度高和射程远的优势，却在狙击战场上找到了自己的“第二春”。美军后来将 M14 改装成半自动狙击步枪，在战斗中表现良好。

诞生背景

二战末期和二战以后，由于战争和美军装备的需要，加兰德和他的同事们对M1 半自动步枪进行了多次改造。1957 年，美国军械部长宣布采用 M14 自动步枪为 M1 的改进型。M14 自动步枪的列装替代了当时 4 种服役的步兵武器：M1 加兰德步枪、7.62 毫米 M1~M3 卡宾枪、M3A1 冲锋枪以及 M1918A2 勃朗宁自动步枪。

▼ 正在执行任务的M14 自动步枪

水土不服

M14 刚刚装备部队便立即在越南战场投入使用，在越南的丛林山区中，M14 的缺点暴露无遗。M14 在全自动射击时后坐力非常大，射手不容易控制，射击精度很差。而且枪上都安装了快慢机锁，士兵只能半自动射击，在 AK47 强大火力的压制下，使用M14 的美军士兵苦不堪言。此外，由于步枪和弹药都太重，通常在巡逻任务中单兵携带的弹药量不超过 100 发子弹。因此，1962 年，美国国防部长麦克纳马拉下令M14 立即停产，随后 M16 便匆匆忙忙地赶赴越南战场救火了。

▲ M14 自动步枪

寻根问底

M14 比 M1 优秀在哪里？

调整快慢机可实施半自动或全自动射击；首创气体关闭和膨胀式导气装置并获专利，自动机工作平稳；装有枪口消焰器；可发射反坦克枪榴弹，能击毁50米内的轻型坦克和装甲车辆。

重新启用

1969年，美国军方根据M14精度高和射程远的优势研制出M21狙击步枪，受到部队的欢迎。美军在2003年对阿富汗、伊拉克的战争中，重新启用了更多的配上两脚架和瞄准镜的M14，主要攻击开阔地的目标，提供远射程支援火力。

用途广泛

今天，美国军方仍封存有至少17万支M14作为战略储备。M14仍在美国海军的舰艇上使用，而美国海军的海豹突击队和美国空军的空降救援队等特种部队也使用M14作为精确射击武器，美国陆军游骑兵学校在训练中也使用M14。在西点军校、安纳波利斯的海军学院、弗吉尼亚州的军事学院等都使用M14训练。此外，M14也经常用作仪仗队和护旗队的礼仪步枪。

▶ 美军在M14自动步枪基础上开发的狙击步枪一直沿用至今，而且性能还在不断地改进提高，其后的改良衍生型重新在战场上服役

西方枪王 M16

在西方国家中，能与苏联 AK 系列相媲美的步枪，当数美国的 M16 系列自动步枪，因为 M16 是世界上第一种列装的小口径步枪。西方军事界有评论家对 M16 评价："美国高初速小口径武器的出现，标志着步枪装备史上的一个重大转折。"这个评价一点也不为过，可以说，小口径步枪是 20 世纪继自动步枪诞生后，步枪的又一次革命。

有趣的灵感来源

20 世纪 50 年代初期的一天，美国枪械设计师斯通纳到幼儿园接孩子，他被孩子玩积木的情景迷住了。孩子们运用方块积木，有的堆积成高楼大厦，有的搭成大桥，有的组合成火车、汽车。同样几块小方木，在孩子们的手里变化无穷，真像是变魔术，这给了斯通纳很多灵感。经过十几个春秋的努力，1963 年，他终于试制成功了这种积木式自动步枪，定型为 M16 系列，被称为"斯通纳枪族"。

聚焦历史

美军第一骑兵师的某指挥官回忆越南战争时，对 M16 的火力也做出了肯定的评价。当时，他所在师的一个班被包围在山上，为了呼叫直升机支援发射了信号弹。越南士兵以为他们要撤退，就加速进攻，结果在 M16 强大的火力下伤亡惨重。

▼M16 突击步枪的出现改变了之后步枪的设计发展

引人注目

"斯通纳枪族"一出现，便引起了世界各国军方的关注。由于它便于大批生产，成本低，有利于枪支弹药的后勤供应和保障，适应了部队装备通用化、系列化要求，因此深受各国军队的青睐。此外，这种枪操作起来十分方便，掌握一种枪，就能使用其他几种，也简化了训练。

战斗利器

5.56 毫米 M16 步枪是世界第一种装备部队并参加实战的小口径步枪。它在越南战争的烽火中初露头角，在美军入侵格林纳达和巴拿马的行动中耀武扬威，在 1991 年的海湾战争中大显身手。可以说，它是 20 世纪 60 年代以来美军士兵每一次军事行动中的战斗利器。

使用M16训练的士兵

繁多的衍生型号

M16之后出现M16A1、M16A2、M16A3和M16A4式4种改进型步枪以及变种枪M4式卡宾枪。M16A1式步枪是M16式步枪的改进型，而M16A2又在M16A1的基础上改进得来。而M4A1式卡宾枪则是M16式步枪的一种缩短版本。

M16A1

历久不衰

尽管M16拥有不少优点，但是在实际战场上仍然暴露了一系列的缺陷。在越南战争中，由于越南潮湿的气候和持续的高温，加上丛林等复杂的环境，这些枪稍不注意就会生锈，甚至彻底罢工。另外，它还有弹膛污垢严重、卡壳、拉断弹壳、弹匣损坏、枪膛与弹膛锈蚀、缺少擦拭工具等毛病。但无论人们对它如何褒贬，M16仍然历久不衰。直到现在，M16及其改型枪仍然在50多个国家中被广泛采用。

M16A2

M16A3

M16A4

突击步枪

突击步枪的概念出现在二战末期，第一支突击步枪是在二战中由德国研制的。突击步枪当时是指使用中间型威力枪弹的自动步枪。其特点是射速较高、射击稳定、后坐力适中、枪身短小轻便。现在多指各种类型的能够全自动、半自动、点射方式射击，发射中间型威力枪弹或小口径步枪弹，有效射程为300~400米的来复枪。

突击步枪的诞生

二战后期，步枪发生了一次革命，自动步枪诞生了。德国首先制造出了世界上第一支真正意义上的现代突击步枪 MP43/44（STG44），当时德军将其命名为突击步枪。MP43/44 研制成功之后却面临着无法投入生产的尴尬局面，因为希特勒只允许工厂造冲锋枪，不许制造新的步枪。因此，设计师们只好瞒着希特勒，将这种新枪以冲锋枪的名义生产，这才有后来的 MP43 冲锋枪。

见微知著　机匣

机匣是枪械（除了手枪以外）的主体部分，是枪身上用来容纳发射机构的部分。它在枪管与枪托之间（无托结构的枪将机匣和枪托合二为一），其上还固定有握把、扳机护圈、弹夹口、后准星以及导轨等部件，通常其截面为长方形或圆形。

▲ MP43 是第一款真正的突击步枪，在现代步兵史上具有划时代意义

▲ MP43/44（STG44）突击步枪的枪弹

"中间型"枪弹

MP43/44 发射一种"中间型"枪弹，其威力介于大威力步枪弹和大威力手枪弹之间，可以连续射击，在一定程度上具有机枪火力猛的特点，但却比机枪轻得多，而且它比发射手枪子弹的冲锋枪威力大、射程远、精度高。

AUG 突击步枪与其他无托步枪的一个明显区别是后部宽大，既可容纳枪的机件和保养附件，也能存放士兵的日常生活小用品，士兵们都很喜欢这个设计

▲AUG 突击步枪是当今世界无托步枪的杰出代表

研制新的突击步枪

二战结束后，各国在德国研制的突击步枪的基础上，做了一些改进后，研制了一批新的突击步枪，其中比较有名的有苏联的AK47突击步枪、美国的M16突击步枪、法国的FAMAS、奥地利的AUG和德国的HKG36。

AKM 突击步枪

谈及 AKM 突击步枪，我们不得不说到享誉世界的苏联枪械设计师米哈伊尔·卡拉什尼科夫。卡拉什尼科夫的代表作是 AK 系列步枪、轻机枪 RPK、通用 PK 系列等。迄今为止，AK 枪族是世界上最完整，作战效能最好的枪族之一。而 AKM 突击步枪则是 AK47 的进一步改进型。它的主要特点是重新采用冲压机匣代替锻压机匣，生产成本大大降低，而且重量也更轻了。

FAL 突击步枪

比利时 FN 公司从 20 世纪 40 年代末开始研制突击步枪，经过多次修改后于 1953 年制造出发射 7.62 毫米标准北约弹的 FAL 突击步枪。FAL 很快就被列为比利时军队制式步枪，然后又被其他国家所采用，先后共有 90 多个国家都采用了 FAL，还有不少国家进行仿制或特许生产。一时间，FAL 成了二战后产量最大、生产与装备国家最多、分布最广的军用步枪之一。

▶FAL 突击步枪是世界上著名步枪之一，曾是很多国家的制式装备

步枪中的王者

苏联著名枪械大师卡拉什尼科夫设计的 AK47 突击步枪是 20 世纪人类武装力量的象征之一，被誉为步枪中的王者。AK47 因性能可靠、使用方便、价格低廉而风靡世界。它是世界上最优秀的突击步枪，拥有完美的火力和简单的结构。AK 系列枪族至今共生产了上亿支，它对轻武器发展史乃至整个人类的历史，都产生了深远的影响。

▲ AK47 突击步枪

◀ AK47 深受各国士兵的喜爱

步枪之王

AK47 突击步枪属于自动步枪，与二战期间的步枪相比，其枪身短小、射程较短，很适合近距离的突击作战。它的口径是 7.62 毫米，可连续发射 30 发子弹。AK47 突击步枪最大的特点是能适应非常恶劣的环境，尤其适应风沙泥水的环境。一位英军将领曾对将要上前线的士兵这样训导：当你手中的武器出毛病时，最要紧的是扔掉它，并赶快找到一把 AK47！

▶ 由于设计问题，AK 系列须在机匣左侧加装瞄准镜座以安装各种瞄准装置

强大的适应性

作为一种简单的武器，AK47 突击步枪到底有什么过人之处呢？归结起来就是四点：耐用、简单、杀伤力大和价格低廉。它能适应所有的恶劣环境，不论是潮湿闷热的热带雨林，还是风沙漫天的沙漠地区，无论是枪管进水进沙，还是被深埋在泥水之中，都不会影响它的正常使用。

寻根问底

AK47 的含义是什么？

AK47 的含义是这样的：俄文字母 A 代表自动枪，K 是卡拉什尼科夫名字的第一个字母，47 表示 1947 年定型。苏联人将 AK47 命名为自动枪，不过几乎所有的西方国家都叫它突击步枪。

为战争而生

在二战后的一些中、小规模的军事冲突中，AK47 突击步枪曾被不少国家的军队当作步兵的主战武器，例如越南战争以及海湾战争中都曾听到 AK47 那清脆的枪声。按照美国轻武器评论家伊泽尔博士的统计，AK 系列步枪是世界上生产量最多的一种步枪。

AK47S 是 AK47 的金属折叠枪托版

使用 AK47 的美国士兵

AK47 的弹匣

备受恐怖分子青睐

2008 年 11 月底，熟睡中的孟买被一阵阵枪声惊醒，原来是恐怖分子手持 AK47 和手榴弹袭击了孟买火车站等地。无独有偶，在 10 月中旬，索马里海盗手持 AK47 劫持了沙特阿拉伯的巨型油轮。为何恐怖分子如此钟爱 AK47？因为 AK47 枪身结实耐用，故障率也低得惊人，无论是在高温还是低温条件下，其射击性能都很好。最主要的是，AK47 的杀伤力很强，再加上它的制作非常简单，所以就成了恐怖分子的最佳选择。

比较中的选择

越南战争中一支美军巡逻小队曾遭到了袭击，躲到墙后的士兵贝利发现身后的水渠中有一支 AK47 和一支 M14，他毫不犹豫地拿起 AK47 还击。事后，他坦率地说："如果要在水沟中选择一把浸泡过的步枪，我只会选择 AK47。"

AK74 突击步枪

提起小口径步枪，除了M16外，还有一种枪不得不提，它就是AK74。AK74是苏联装备的第一种小口径突击步枪，也是世界上大规模装备部队的第二种小口径步枪。它是1949年装备的AK47式和1959年装备的AKM 7.62毫米突击步枪的进一步发展，首次露面是在1974年11月7日的莫斯科红场阅兵仪式上。

研制背景

由于M16的成功，20世纪60和70年代，许多国家都纷纷研制小口径步枪，苏联也开始研制新型的小口径步枪弹及武器。20世纪60年代，苏联两位子弹设计家维克多·萨巴尼科夫与利迪亚·布拉夫斯科亚以原有的AK系列步枪为基础，经过一系列修改和优化研制了一种5.6×42毫米步枪弹，最后发展成现在被称为M74型的5.45×39毫米步枪弹。

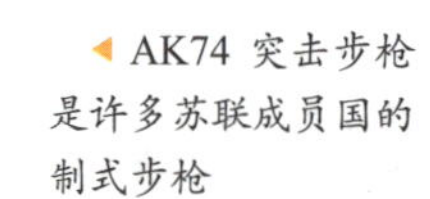

◀ AK74 突击步枪是许多苏联成员国的制式步枪

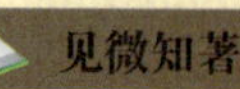

见微知著　护木

护木通常位于枪械的前端，用来保护射手免于直接接触发射时可能非常热的枪管，最主要的功能是把手与枪管隔开。它也可以提供空间让其他装置附于枪械之上，如榴弹发射器、战术灯、前握把、激光指示器等。

庞大的配备

AK74突击步枪结构简单、轻便、坚固，使用方便，而且动作可靠，再加上火力威猛、故障少，所以它成为世界上生产和装备数量最多的步枪之一。苏联的军队就曾大量装备这种枪械。东欧一些国家也被特许生产和装备此枪并作了某些改进。直到今天，俄罗斯军队仍把它作为主要制式装备，独联体各国部队也装备使用。

▲ 分解状态的AK74突击步枪

加入新的设计

AK74突击步枪由AKM改良而成，两者的原理、闭锁机构、供弹方式、击发发射机构等完全一样，但也加入了许多新的设计。由于改用了5.45毫米口径的子弹，因此枪管口径与膛室也要修改。枪口换上了大型的枪口制退器，这款枪口制退器除了有助于减少后坐力外，也有效地将发射声音往前方扩散，弹匣还改为塑料制造。

▼ 士兵正在拆解AK74突击步枪

AK74枪族

AK74枪族包括突击步枪、短突击步枪和轻机枪。AK74的使用已经接近30年，经受了阿富汗战争和车臣战争的实战考验。该枪也有多种变型枪，包括标准型AK74式、短管型AKC74式、冲锋枪型AKC74Y式和改进型AK74M式。除步枪外，AK74式枪族中还包括采用重枪管和大容量弹匣的轻机枪型PⅡK74式及其各种变型枪。

AK74M突击步枪

AK74M突击步枪是1987年开始研制的，AK74M是“现代化的AK74”的意思，该枪在1991年开始由伊热夫斯克机械制造厂生产。AK74M在外观上最明显的特征就是把原来鲜艳的颜色部件都改为暗色，用深棕色的玻璃纤维塑料代替原来的木料作为枪托、护木以及握把的材料。

狙击步枪

俗话说，擒贼先擒王，那么在步枪家族中，哪一种步枪是用来专门射击对方重要目标的呢？狙击步枪就是很好的选择。狙击步枪的结构与普通步枪没有太大的差异，两者的主要区别在于狙击步枪多装有精确瞄准用的瞄准镜，这样就可以更好地瞄准目标。狙击步枪使用效率十分高，可以说是一枪毙命，做到了真正的一发制敌。

▲二战时期，苏联部队狙击手多采用这款搭配4倍瞄准镜的莫辛–纳甘步枪作为狙击德军的武器

较早的狙击步枪

狙击步枪的学名叫“高精度战术步枪”，最初的狙击步枪并非专门制造，而是在普通步枪中挑选精度相对较高的作为狙击使用，并且最早的狙击步枪没有光学和其他辅助瞄准器具。普通步枪的射程一般在400米以内，而狙击步枪的射程一般在800米以上。

◀美军手上的M21狙击步枪

一枪夺命

狙击步枪以其极高的射击精度，被人称为“一枪夺命”的武器。以往狙击步枪主要用于歼灭重要的活动目标，随着步兵装甲化，军事力量控制范围和机动能力的增强，射手无法在近距离接近目标或保证袭击行动的自身安全。而现代战场上的高价值目标与日俱增，所以直升机、雷达、弹药库、导弹阵地和轻型装甲车都已经成为狙击步枪的作战对象。

寻根问底

狙击枪在和平年代还有用吗？

在和平年代，狙击枪在军队里的作用已不是那么明显了。但是，在警察队伍中，它又开始活跃起来，尤其是恐怖活动开始出现后，狙击枪和狙击手几乎就是反恐怖行动中人们最期待出场的角色。

▲ 巴雷特 M82A1 狙击步枪

狙击之王——巴雷特 M82A1

大口径狙击步枪主要用于对付技术装备一类的目标，如摧毁敌观察、搜索和指挥等仪器及支援火器，还可用来打击装甲运兵车、直升机和飞机，摧毁油库、弹药库、地雷和水面浮雷等，所以有人也称其为反器材步枪。美国巴雷特 M82A1 狙击步枪是当今使用最广泛的大口径狙击步枪之一。现在，至少已经装备了 30 多个国家的军队或警察部队，M82A1 也被广泛用作民间射击比赛。M82A1 狙击步枪自带机械瞄具，也可以安装光学瞄具。

"精确制导"

现代战场上高技术武器的逐渐增多，对狙击步枪战术使用也提出了新要求，高新技术的发展也为狙击步枪的发展创造了条件。21 世纪，狙击步枪是轻兵器中采用高新技术较多的一种。用于狙击步枪上的新开发的火控系统，将减小射手的瞄准误差，以及远距离上侧风的影响。狙击步枪的技术含量使其成为 21 世纪轻兵器中的"精确制导"单兵武器。

狙击枪的灵魂

枪管被称为狙击枪的灵魂，因为狙击枪要求有很高的精度，所以狙击枪专用的枪管在制造与加工上需要的精细度要超过一般的枪管，在质量与重量上也比传统枪管的要求高得多。

▶ 狙击手被认为是战场上最危险的存在，而狙击手最依赖的武器就是狙击步枪

SVD 狙击步枪

SVD是德拉贡诺夫狙击步枪的缩写，由苏联枪械设计师德拉贡诺夫设计，以代替服役多年的莫辛-纳甘狙击步枪。实际上，SVD 可以说是AK47 突击步枪的放大版本，它的自动发射原理与 AK47 系列完全相同，但结构更简单。SVD 于 1967 年开始装备部队，埃及、罗马尼亚等国的军队也采用和生产。

设计与改进

1958 年苏联提出设计一种半自动狙击步枪的构想，要求提高射击精度，又必须保证武器能够在恶劣的环境下可靠地工作，而且必须简单、轻巧、紧凑。苏联军队在 1963 年选中了由叶夫根尼·费奥多罗维奇·德拉贡诺夫设计的半自动狙击步枪，通过进一步的改进后，才开始装备部队。

▼ SVD 狙击步枪的自助发射原理和 AK 系列突击步枪相同，但结构更简单

SVD 的扳机护圈较大，士兵戴棉、皮手套也可射击

▼ 早期的 SVD 使用镂空的木质枪托，虽然美观，但是在夜视条件下，极易曝露射手的位置。新改进的 SVD 采用新的玻璃纤维复合材料枪托和护木，既减轻重量、降低成本，也减少了狙击手被发现的机会

SVD 的设计者

1920 年 2 月 20 日，德拉贡诺夫出生于伊热夫斯克这个以制造轻武器出名的城市，他曾在大学学习机械加工技术，参过军并任枪炮工。他酷爱射击运动，参加过射击比赛，并取得很好的成绩。在战争结束后，德拉贡诺夫回到伊热夫斯克并加入武器设计局，设计出著名的 SVD 狙击步枪。

工艺精湛

20 世纪 70 年代苏军入侵阿富汗期间，SVD狙击步枪被编到每个摩托化步兵连队的特种化狙击手班，其卓越性能被人们逐渐认可。SVD 的制造工艺比较复杂，重量很轻，但在同级狙击枪中精度相当高，配用 7N1 弹可达到非常高的精度。值得一提的是，相对该枪的体积来说该枪的操控性良好，而且非常耐用。导气装置和枪膛均镀铬，具有良好的耐蚀性且易于清洁。

瞄准具

与老式的莫辛-纳甘步枪一样，SVD 的瞄准具可以快速瞄准射击，或是使用机械瞄准具进行近距离射击。SVD 狙击步枪在 1000 米以上的距离也足以致命，但此枪是出于对远距离和超高精度的要求而制造的。当 SVD 狙击步枪使用标准弹药时，此枪的有效射程约为 600 米。

需要接受训练

装备 SVD 狙击步枪的士兵需要接受专门训练。在第一次车臣战争中，俄军暂时没有经过专门训练的 SVD 狙击手，于是就让特别行动小组的特等射手来使用它们，这些狙击手虽然有良好的基本功，但他们没有经受过反狙击以及躲避炮击的训练，因此效果并不理想。

手拿 SVD 狙击步枪的女兵

聚焦历史

早在斯大林格勒战役期间，狙击手运动在苏军蓬勃开展。苏军狙击手准确歼敌，袭扰德军，为最终战胜德军创造了有利条件，那时这些狙击手大多采用莫辛-纳甘狙击步枪。到了 1963 年以后，这种步枪逐渐被 SVD 所取代。

M99 狙击步枪

谈及狙击枪的威力，了解枪械的人估计都会想到巴雷特这个名字。实际上，许多枪迷都是从巴雷特的开山之作M82 而喜欢上大口径狙击步枪的。而 1999 年推向市场的巴雷特 M99 系列狙击步枪，则是巴雷特火器公司 12.7 毫米狙击步枪家族的最新成员，其别名是BIG SHOT，取英文“威力巨大，一枪毙命”之意。

同胞兄弟

巴雷特大口径狙击步枪的设计水平日臻成熟，M99 系列狙击步枪就是其产品的代表作。巴雷特 M99 系列由 M99 和 M991 组成，两者在外形上极其相似，俨然一对同胞兄弟，唯一的区别就是后者为满足市场的多种需求，将枪管略有缩短，使全枪显得更加紧凑，携行更加方便。而 M99 的枪管比较长，弹头初速高、精度好，打击远距离目标是其长项。

主要打击目标

M99 系列采用多齿刚性闭锁结构，非自动发射方式，即发射一发枪弹后，需手动退出弹壳，并手动装填第二发枪弹。该系列使用 12.7×99 毫米大口径勃朗宁机枪弹，必要时也可以发射同口径的其他机枪弹，主要打击目标是指挥部、停机坪上的飞机、油库、雷达等重要设施。

▶ 巴雷特在推出大口径的 M82 及巴雷特 M95 后，为了再提高精确度及降低长度，以 M95 为基础设计出一种犊牛式结构、旋转后拉式枪机、内置弹仓只可放一发子弹的狙击步枪，这就是 M99 狙击步枪。它的枪口仍然装有高效能的双室枪口制退器，在机匣顶部设有的战术导轨上安装瞄准镜，两脚架装在机匣前端的底部

人性化的设计

由于 M99 狙击步枪采用刚性闭锁，即在没有人为开锁之前，枪管及机匣里的枪机可以看作是刚性连接，弹头飞出枪口时，整个枪是作为一个整体向后运动的，全枪的向后冲力比同类非自动结构的后坐力大得多。为此 M99 系列采用了高效的缓冲器，有效地减小了后坐力，使之达到射手可以承受的范围。

▲M99 的精度极高，但结构比较简单，弹仓只可放一发子弹而且不设弹匣，在军事用途上缺乏竞争力

最大的亮点

与同类武器相比，高精度是M99的最大亮点。从 M99 系列狙击步枪的用途和性能来看，足以体现巴雷特“重狙击之王”的称号。M99 狙击步枪从外形上看与早期的 M82 狙击步枪十分相似，但事实上在许多方面存在巨大的差异。M99 价格低廉，精度却丝毫不马虎，在 2001 年国际大口径狙击步枪射击比赛中，M99 曾创造了世界纪录：915 米距离，5 发射弹的弹着点均在 104 毫米直径的圆内。

美观简洁

M99 狙击步枪外形美观庄重，结构简单，只要拔下 3 个快速分解销，就可以完成不完全分解，修理和保养十分方便。此外，M99 的枪管外部没有刻槽，枪管口部配有高效的膛口装置。其瞄准装置则去掉了专用导轨，取而代之的是机匣上部的皮卡汀尼导轨。这种导轨已成为一种新的被多国认可的军用标准。

聚焦历史

1981 年 1 月，一次偶然的机会，促使巴雷特决心设计一支大口径半自动狙击步枪。于是，从设计到制造，不足一年时间，一支样枪成型了。接着，巴雷特创建了自己的公司，并在 1982 年开始试生产，并将此枪命名为 M82。

M40 狙击步枪

M40 是一种很精确的武器，它是由雷明顿武器公司在 M700 式民用步枪基础上研制而成的一种狙击步枪。美国人认为它是现代狙击步枪的先驱，在 1966 年越南战争中开始装备美国海军陆战队。尽管早期的 M40 狙击步枪在越南战争中让美军吃尽了苦头，但一部分狙击手仍然认为 M40 是“最佳狙击步枪”，而其改进型则更加优秀。

与时俱进

在二战期间，美军并不重视狙击手的培养。在后来的越南战争中，行踪不定的北越狙击手将美军折腾得鸡飞狗跳，吃了大亏的美军这才明白，可以和狙击手对抗的只有狙击手。在积极培训专职狙击手的同时，美军将雷明顿 M700 型步枪改进更名为 M40 狙击步枪，并将其大量装备陆军和海军陆战队。

▼ M40 手动的狙击步枪在射击精度上要比半自动的狙击步枪高一些

★聚焦历史★

1993 年，好莱坞上映了一部狙击题材的电影《双狙人》。虽然电影的故事情节没什么好称道的，但影片中对美军狙击手战术的详细描写和对 M40 狙击步枪的褒奖，却在轻武器迷中引发了一股“M40”热潮。

“雷神之槌”

对于狙击手来说，狙击步枪无疑是他们最信赖的“战友”。对于战功赫赫的苏军狙击手来说，“红色枪王”SVD就是他们的第二生命，而对于同样桀骜不驯的美军狙击手，绿色的M40狙击步枪才是让他们感到安全和力量的“雷神之槌”。

▲ 使用M40狙击步枪的美国海军陆战队狙击小队

存在的缺点

M40狙击步枪是一种完全手动的狙击步枪，而且弹匣中只装有5发子弹。每打完一枪，狙击手就要拉开枪机、退出弹壳、重新上膛。这也是M40的一个缺点。因为一旦近距离遭遇敌人，最佳的选择就只能是扔掉M40，掏出手枪迎战。尽管如此，M40步枪的狙击记录仍使海军陆战队的狙击手名声大噪。

▲ 给M40装填子弹

喜欢的原因

虽然M40狙击步枪也有缺点，但美国士兵还是喜欢使用M40。原因有两方面：首先，美国人追求的是狙击步枪的射击精度，手动的狙击步枪在射击精度上比半自动的狙击步枪要高一些；其次，狙击手本来就是躲在黑暗中远距离杀伤敌人的兵种，近距离遭遇敌人的机会实在微乎其微。

▲ M40的瞄准镜

M40A1

M40狙击步枪有3种改进型，分别是M40A1、M40A2和M40A3。M40A1被称为冷战“绿色枪王”，它是美国海军陆战队于1977年对M40步枪进行的改进型。M40步枪在越南露面不久，就暴露出一个问题。那就是越南气候炎热、湿度高，在这种条件下作战，需要特别注意保护其木质枪托，要经常清理枪管导槽，刮掉膨胀的木质，给枪托灌蜡密封，以减少木质枪托膨胀或收缩。于是，M40A1在原枪机的基础上重新设计了枪管和枪托，枪管换成了不锈钢材料，容易受潮的木质枪托也被玻璃纤维枪托所代替。

▲ 有“绿色枪王”之称的M40A3

卡 宾 枪

卡宾枪即马枪、骑枪，它是一种枪管比普通步枪短，子弹初速略低，射程较近的轻便步枪。由于卡宾枪的枪管较短、重量较轻，因此也有人将其称为短步枪。在现代卡宾枪中，属美国的M1卡宾枪名声最为显赫。目前，各国军队仍广泛装备，不过大多是全自动卡宾枪(也可称为短步枪或短突击步枪)，非自动和半自动卡宾枪几乎已被淘汰。

卡宾枪的起源

卡宾枪的名称来源于英文“Carbine”的译音，此枪源于15世纪西班牙骑兵所使用的一种短步枪。其实，14世纪末期，俄国制造过一种短小型火绳枪，已经具有滑膛卡宾枪的雏形。在许多情况下，卡宾枪只是同型普通步枪的缩短型。最早的卡宾枪就是在普通步枪的基础上截短枪管而成的，而且大多数卡宾枪均使用普通步枪弹，只是由于卡宾枪的枪管比普通步枪相应型号的短，因此卡宾枪的弹头初速相对较低，有效射程大多为200~400米。

▲1793年，法国大革命时期装备法军的卡宾枪

▼早期英国士兵装备的卡宾枪

见微知著　　初速

弹头初速是指弹头脱离枪口瞬间的运动速度。对于枪械和火炮来讲，初速越高，推力越大，射程也就越远。初速提高后，弹头的飞行时间就缩短，弹道也就呈平直低伸状态，避免大弧度的出现，因而有利于提高命中概率和准确程度。

枪管缩短

德国1898年毛瑟步枪问世以后，20世纪30年代出现了卡宾枪，不过该枪全长由1898年式的1.25米缩短为1.1米，枪管长度为600毫米；而19世纪末的标准步枪长度一般在1.25米左右。20世纪初，英国出产的李·恩菲尔德短步枪首创了一种“短步枪”的概念，全枪长度由李氏步枪全长1.25米缩短为1.1米。

▲ 1945 年美国陆军装备的 M1 卡宾枪

M1 卡宾枪

M1 卡宾枪是二战中美国针对德国的“闪电战”而发展起来的。它是一种半自动卡宾枪，也是二战中美国使用最广泛的武器之一。到战争结束时，M1 卡宾枪已生产超过 600 万支。M1A1 是 M1 的变型，有可折叠的枪托，是特别为伞兵设计的。

▼ M1 卡宾枪是二战中美国使用最广泛的武器之一

专门的卡宾枪

M1 卡宾枪是枪械历史上按照公认的卡宾枪定义设计及大量生产的一种专门卡宾枪。它原本是美军为二线部队提供的一种用于替代手枪和冲锋枪，作为军士、基层军官或机枪手、炮手、通信兵或二线人员使用的基本武器。该枪比手枪易于掌握，在中长距离上比手枪更有效，并且非常适于作为轻便武器装备给迫击炮、重机枪和火箭炮分队人员用于自卫。

作用渐失

卡宾枪原先主要供骑兵和炮兵装备使用，在骑兵渐被淘汰后，它也曾作为特种部队、军士和下级军官的基本武器。进入 20 世纪 80 年代后，由于轻型自动步枪和微型冲锋枪的发展，卡宾枪已失去其作为独立种类武器装备存在的必要。

未来的步枪

未来的步枪是什么样的呢？未来的步枪上将装有激光瞄准系统及计算机数据处理系统，可以使射出的枪弹百发百中。我们可以从美军的有"未来之枪"之称的XM8步枪看出端倪。XM8步枪是新型未来单兵武器的一种，这种轻型突击步枪重量轻、功能集成、武器模块化、通用性强，可降低未来士兵的作战负荷，提高机动作战能力。

可以转换的步枪

XM8步枪本是XM29系统的5.56毫米步枪部分，通过模块化组合它可成为单个机构，并可以根据不同的任务需要和作战地域，转换成不同的枪型或发射不同口径的弹药。XM8步枪的最终发展目标是可以转换成多种不同型号的模块化步枪系统，不同长度的枪管及其他配件赋予其不同的角色。XM8突击步枪有4种变型，可相互转换，在未来战场环境中，可根据需要在几分钟内变换枪管和其他组件，由一种枪改装成另一种枪。

寻根问底

XM8步枪被确定为制式装备了吗？

到2005年，就在XM8步枪即将被确定为制式装备时，XM8在陆军主管武器的部门内部引发了一场冲突。各方在步枪的选择问题上仍存有争论，最后结果是XM8计划宣布停止。

美观实用

XM8步枪很轻，却非常坚固耐用，机匣内与G36一样有钢板骨架加强，冷锻的枪管有20 000发的使用寿命，服役寿命很长。高强度的聚合物材料很坚固，并可以生产成不同的颜色，有适用于丛林战环境的绿色、沙漠环境的黄褐色和城市环境的哑黑色三种。

XM8步枪拥有不少前卫的设计，如大面积采用塑料来制作枪身、同族枪械之间的零部件拥有极高的通用性等

▲ XM8的整体外形呈流线型，看起来就像一条鱼

先进的装备

XM8使用北约标准的5.56毫米子弹，配备30发G36标准弹匣或100发塑料弹匣，可根据士兵的偏好或战场形势使用左手或右手灵活射击。它集成有电池动力光学瞄准仪及备用十字瞄准器，同时还装配有激光瞄准设备和照明器。XM8步枪还可安装多种附件，可配备下挂榴弹发射器及霰弹枪。XM8步枪的模块化部件包括了枪管、枪托、弹匣、瞄准系统，可以很迅速地更换这些部件而改变成不同的型号。

XM29

XM29是为“陆地勇士”开发的单兵战斗武器，也是陆军的“未来战斗系统”计划的一个重要组成部分。由于XM29的计划延期，整个系统被分成2个子系统分别研制。一个是XM8轻型突击步枪，另一个是XM25自动榴弹发射器。

▼ XM8步枪是一种具备类似变色龙特性的步枪

▲ XM29 Block 3模型

◀ XM25

新概念步枪

步枪也在不断创新的过程中，现在，无壳弹步枪已经研制成功，激光步枪、次声步枪、非致命步枪等新概念步枪将陆续登台亮相。此外，随着科技的不断发展，新型光学瞄准镜、激光瞄准镜、夜视瞄准镜等还将逐步装备，使步枪真正成为具有全天候作战能力的武器。

机　枪

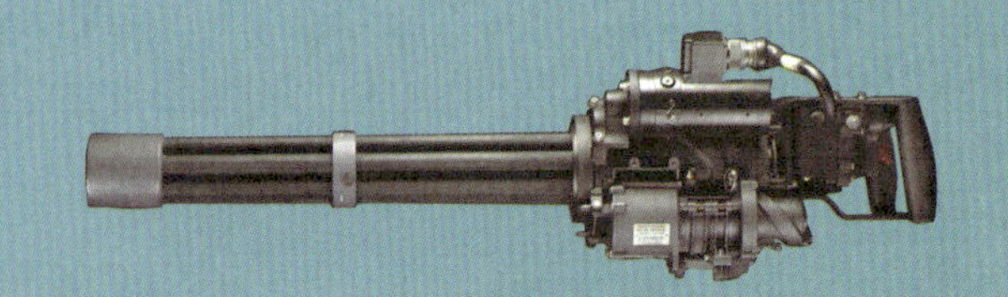

机枪在早期也称“机关枪”，是一种很重要的军用枪械。它能够连续发射子弹，威力巨大。机枪在战斗中的主要任务是以密集的火力杀伤敌人或者压制对方火力，支援步兵战斗。它最早的时候仅适用于阵地战和防御作战，并且在一战初期显现出前所未有的重要性。在现代战争条件下，颇具战斗力的机枪在战场上大显神威。进入21世纪，机枪虽然在未来战场不会出现当年横扫千军的壮观场面，但仍然是士兵手中不可或缺的武器。

机枪的问世

机枪最初是为了增强发射速度而出现的。在步兵轻武器中，机枪是年轻的枪种，如果从 1851 年算作其问世的时间，至今有 166 年。而如果从 1884 年世界上第一挺真正的机枪——"马克沁"机枪问世的时间算起，距今才 130 多年。但是，在这一百多年中，机枪却经历了两次世界大战，立下了赫赫战功。

世界上第一挺机枪

世界上第一挺机枪是一名比利时工程师于 1851 年设计的，他曾是法国拿破仑军队中的一名上尉军官。由于这挺枪是在蒙蒂尼工厂监制的，因此定名为"蒙蒂尼"机枪。此种机枪当时还属手动机枪，使用硬纸壳制成的弹壳枪弹。该枪发明之后不久，法军又把它改为手动曲柄操纵、由 25 个击发装置进行击发的第一挺机枪。该枪曾在 1870 年、1871 年的普法战争中使用过，因故障太多，不久就从战场上销声匿迹了。

▲ 法国士兵正在使用"蒙蒂尼"机枪

▲ 加特林把 6~10 根枪管并列安装在一个旋转的圆筒上，手柄每转动一圈，各枪管依次完成装弹、射击、退壳等动作。一个熟练的射手，每分钟可发射约 400 发子弹

"加特林"机枪

1861 年，美国人加特林研制出了 4 管的集束管武器，并逐步发展到 6 管、10 管。这种机枪曾在俄土战争中使用过，"马克沁"机枪问世后，它才逐步退出历史舞台。

▲ 加特林

神奇武器

由于"加特林"机枪射速快、火力强，所以一经发明便在美国南北战争中发挥了很大作用。加特林对他的神奇武器这样评价："这种枪与其他武器相比，就像收割机与镰刀比赛一样。"而军事史家的评价是"机枪是美国建国以来第一个最伟大的发明。"

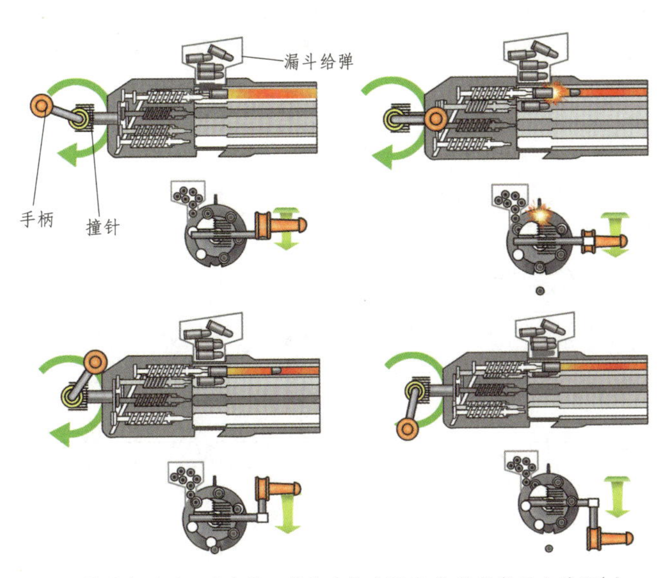

▲ 加特林自动原理其实是一种外力自动原理，机枪发射的全过程（上膛－击发－退壳－再上膛）需要借助外力来完成。最初需要人来摇动手柄，后来就借助电动机来完成

“加特林”机枪原理

“加特林”机枪的射击原理是利用一套传动机构使数支枪管绕一个公共轴转动，从而完成连续射击。“加特林”机枪是机械式的，枪管转动需要由人力转动摇把。虽然它后来被其他新型机枪所取代，但它的结构原理至今仍被作战飞机和军舰上的多管速射炮所应用，并保留着“加特林”机关枪（炮）的名字。根据他的方法制造的机枪原理，就叫“加特林“机枪原理。

自动原理

1892 年，美国著名枪械设计家勃朗宁和奥地利陆军中尉冯·奥德科莱克几乎同时发明了最早利用火药燃气能量的导气式自动原理的机枪，这种自动原理为今天的大多数机枪所采用。

▲ 正在研究枪的勃朗宁（左）

聚焦历史

机枪的历史最早可以追溯到 17 世纪。1674 年，中国火器研制家戴梓发明的“连珠铳”，一次可以连续发射 28 发弹丸，是世界上第一种能连续发射的兵器，堪称近代机枪的先导。只可惜，它在中国未能得到进一步发展。

自动方式

自动方式就是依靠枪弹自身产生的力量为原动力来实现自动发射的。现代机枪主要采用后坐力利用式和导气式自动方式。“马克沁”机枪是最早利用后坐作用原理的机枪。此外，还有一种自动方式，即“加特林”机枪原理，这种结构原理至今仍被作战飞机和军舰上的多管速射炮所应用。

今天“加特林”机枪这个名词已变成了采用加特林原理运作的多管机枪及机炮的称呼。图为利用加特林原理研制出来航空机炮

马克沁机枪

19 世纪以前，在世界战场上还没有真正使用过具有战斗力的自动武器。直到 1884 年，英籍美国人马克沁在前人研制活动机枪的基础上，首创了利用火药燃气能量完成枪械各机构的自动动作，试制出一挺枪管短后坐自动方式的机枪。马克沁机枪的研制成功，开创了自动武器的新时代，它也可以说是“现代机枪的鼻祖”。

▲ 1884 年，马克沁与自己发明的自动机枪

自动武器之父

1840 年 2 月 5 日，马克沁出生在美国缅因州一个普通而贫寒的家庭。他是历史上最伟大的机械学天才之一，被人们尊称为“自动武器之父”。在他数十年的自动武器设计生涯中，设计了多种自动装置，为世界轻武器的发展做出了杰出贡献。他研制的自动供弹系统直到今天，仍被广泛应用在各种自动武器上。

改变传统

马克沁改变了传统的供弹方式，制作了一条长达 6 米的帆布弹链，连续供弹。为给因连续高速射击而发热的枪管降温冷却，马克沁采用了水冷方式。由于成功地利用枪管的后坐力自动退出弹壳，又自动重新装弹入膛，其射速大为提高，达每分钟 600 发以上。

▲ 马克沁 M1910 重机枪

标志着一个时代的结束

在马克沁机枪中，人类第一次运用了复进簧、可靠的抛壳系统、弹带供弹机构、加速机构、可靠调整弹底间隙、射速调节油压缓冲器等机构。至今，专业的枪械研制人员依然遵循着由马克沁首创的火药气体能量自动射击三大基本原理——枪管后坐式、枪机后坐式和导气式。英文版《武器装备百科全书》说："它的出现标志着一个时代的结束。"

▲ 在战争中士兵使用的马克沁机枪

见微知著　　自动武器

自动武器是借助火药燃烧的能量来完成自动装填子弹，实现自动连续射击的武器。它通常是相对半自动武器和手动武器而言的。当利用连发射击时，可以减小子弹离散，增加武器自动射击的命中率。

实战应用

马克沁机枪一诞生，立即在战场上显示出卓越的性能。1893 年，罗得西亚 50 名步兵使用 4 挺马克沁机枪击退了 5000 名祖鲁人的猛烈进攻。1895 年，阿富汗奇特拉尔战役和苏丹战役中，马克沁机枪也使进攻的敌人死伤累累。1899 年开始的布尔战争中，布尔人在冲锋时遭到了马克沁机枪的毁灭性打击。1916 年，索姆河战役在一战中让马克沁重机枪一举成名，成了步兵最有威力的武器。

"维克斯"MK1 式机枪

"维克斯"MK1 式机枪，是"马克沁"机枪的改进型，因由维克斯公司所完成，所以也一度被称为"维克斯－马克沁"机枪，是英军在一战和二战中使用的标准中型机枪。基于维克斯机枪优异的设计，使它成为世界上著名的战争武器之一。

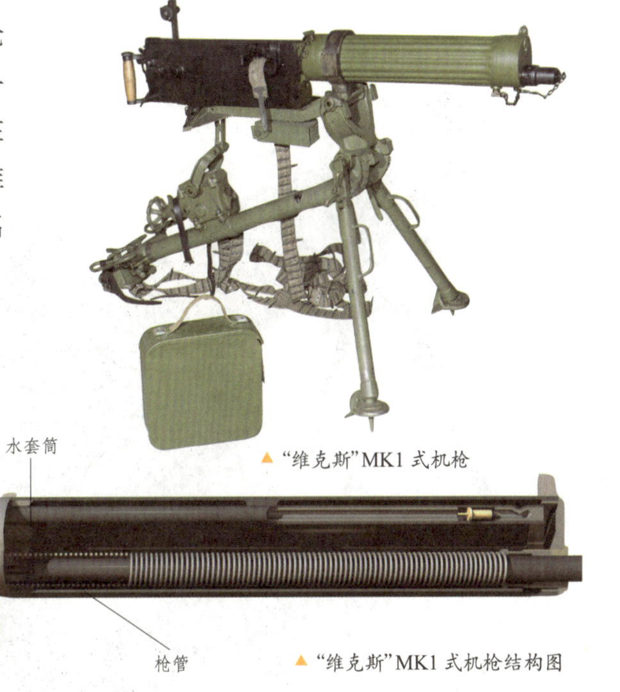

▲ "维克斯"MK1 式机枪

▲ "维克斯"MK1 式机枪结构图

机枪的分类与特点

机枪是一种配有两脚架、枪架、枪座，能实施连发射击的自动枪械。一般指陆军在地面使用的枪，另外在飞机、舰船和战斗车辆上也通常装备机枪。它的口径一般在15毫米以下，通常采用弹链或弹鼓供弹，具有较长时间的连续射击能力。机枪的射速很高，可以在短时间内射出狂风暴雨般的子弹，创造出具有破坏性的火力带，作为防御武器最为有效。

重要的特征

机枪原本是步兵自动武器的一个笼统称呼。这种武器的供弹、进膛、击发、抛壳和装填的一次循环完全是自动的。由于现代步枪也是自动的，因此机枪的这一重要特征已不再重要，而另一个重要特征却日益显露，那就是机枪全都安置在两脚架或三脚架上射击。尽管狙击步枪通常也有两脚架，但狙击步枪大多为非自动枪。

寻根问底

现代机枪的主要特点是什么？

现代机枪不同于老式机枪的主要特点在于结构简单，重量轻，操作、携带方便，火力突击性强，火控系统先进，高技术含量增加，威力加大。最能体现现代机枪特点的是小口径轻机枪。

机枪的分类

机枪按装备对象分为地面机枪（旧称野战机枪，含高射机枪）、车载机枪（含坦克机枪）、航空机枪和舰艇机枪。其中地面机枪又按结构特点和战术任务分为轻机枪、重机枪、通用机枪（也叫两用机枪）和大口径机枪（口径在12毫米以上）。

▼LSAT轻机枪重量轻，后坐力低，枪管更硬，可控性好，结构简单，能快速更换枪管，容易维护。另外，该枪还设置了剩余弹数计数器，也能接受其他电子设备和武器

▲ M2 重机枪火力强、弹道平稳、射程极远，其射速为每分钟 450~550 发，二战时使用的航空版本射速可达每分钟 600~1200 发

机枪枪族

为了便于补给，轻机枪和通用机枪一般使用同口径的步枪弹，所以口径与通用一致。而重机枪则使用专门的口径为 12.7 毫米的机枪弹。近年来，随着突击步枪的小口径化，小口径通用机枪也应运而生，它多采用和突击步枪相同的枪族设计，大部分部件可以通用，使其维护使用、后勤补给更加方便。

主要任务

作为陆军兵器，机枪是步兵连以下使用的主要自动武器之一，主要用于以密集的火力压制敌人、杀伤较远距离的有生力量，也可以用来射击地面、水面或空中的轻装甲目标或火力点。其主要任务是伴随步兵在各种条件下进行战斗，用密集的火力支援步兵。机枪一般均为连发射击。轻机枪以短点射为主，重机枪以长点射为主，大口径枪多采用短点射或长点射。

▲ M249 可发射多种不同用途的弹药

如何散热

机枪需要持续不断地发射子弹，这时枪管的温度会因为子弹的摩擦急剧升高。怎样给连续高速射击而发热的枪管降温冷却呢？早期的机枪采用水冷方式，但因散热部件异常笨重，后来被淘汰了。二战时德国做了改进，采用风冷式设计，枪管装卸非常简便，用更换枪管的办法就能解决因连续射击而发生的枪管过热问题。现代机枪都延续了这种设计，并备有可迅速更换的备用枪管。

▶ 使用 M2HB 重机枪的美军士兵

重机枪

被美、英等国称为“中型机枪”的重机枪，是装配有固定枪架，能长时间连续射击的机枪。它的口径一般达到 12.7 毫米，部分型号为 14.5 毫米，又称“大口径机枪”。与轻机枪相比，重机枪重量重，枪架稳定，有良好的远距离射击精度和火力持续性，能较方便地实施超越、间隙、散布射击。在二战中，各种重机枪发挥了重要作用。

见微知著　大口径机枪

大口径机枪是指一种为减小枪口后坐能量的、枪口口径通常大于 12.7 毫米的机枪。二战中大口径机枪曾是有效的防低空武器，现在 12.7 毫米大口径机枪已由原来的以高射为主转为以平射为主，14.5 毫米防空机枪则仍以高射为主。目前，世界上现装备的大口径机枪主要是这两种口径。

重机枪的射程

重机枪的射程比步枪、冲锋枪都远。当重机枪使用普通枪弹时，在 3000 米距离处仍有一定的杀伤力。如果用特种弹，其射程可以达到 5000 米。它靠大容量弹链箱供弹，枪架可以调整为平射、高射两种状态，在 500 米高度内，重机枪打击伞兵非常有效。

攻击目标

重机枪由枪身、枪架、瞄准装置三大分部组成。它发射的子弹像流水一样，半分钟内可以连续发射 300 发，能形成一股强大的火力网。它主要用于歼灭和压制 1000 米内的敌集团有生目标、火力点和薄壁装甲目标；重机枪还可以封锁交通要道，支援步兵冲击，必要时也可用于高射，歼灭敌低空目标。

▼美国陆军试射 XM806 重机枪

▲ 马克沁 M1910 重机枪

重机枪的发展

世界上第一挺重机枪就是马克沁重机枪。马克沁在设计制造他的单管反冲动力枪械时，第一个设计是只有 11.8 千克重的自动步枪。这种武器，类似于现代的中型机枪，但是它不能进行长时间射击而被放弃。随后，马克沁发明了水冷套冷却系统，还改变了传统的供弹方式。这些改动也使得他的机枪增加了一定的重量。1940 年起，苏联武器设计师郭留诺夫设计了新式重机枪，把原来的水冷式改为气冷式，机件减少了三分之二，重量减轻 26 千克，在苏联卫国战争中发挥了很大作用。

“软目标”打击能手

1938 年，苏联的轻武器设计师斯帕金设计了一种具有转鼓形弹链供弹机构的被命名为 DShK38 的重机枪。该型机枪被步兵分队广泛应用于低空防御和步兵火力支援，也在一些重型坦克和小型舰艇上作为防空机枪，被称为“软目标”打击能手。虽然它的机动性较弱，但 12.7 毫米口径可以在阵地战中提供无与伦比的火力，二战期间，德军可吃尽了它的苦头。

▲ 二战中的 DShK38 重机枪

▼ “勃朗宁”M2HB 机枪是世界上使用最广、最成功的重机枪之一，被世界上 70 多个国家的军队采用。图为车载 M2HB 机枪

未来趋势

重机枪在世界兵器史上的武器技术发展是突飞猛进的，它在发展的过程中逐渐产生了三个小兄弟：一个是轻机枪，另一个是通用机枪，还有一个是高射机枪。由于现代战争对武器的机动性要求越来越高，在 20 世纪 60 年代初期，使用 7.62 毫米子弹的重机枪逐渐被通用机枪所替代。

M1917A1 机枪

1890 年，美国著名的轻武器设计大师勃朗宁设计出了世界上第一挺具有导气式原理的重机枪。随后，他又设计出好几种著名的重机枪、改造的轻机枪，人们将其统称为“勃朗宁系列机枪”。其中，M1917A1 机枪是因为一战爆发而发明制造的一种重型机枪，在今天的美国等军事强国的部队中，M1917A1 及其改进型机枪还在大量装备。

勃朗宁和他的儿子试射 M1917A1 机枪

聚焦历史

珍珠港事件后，美国参加二战，M1919A4 逐步取代了大多数 M1917A1，成为二战期间美国陆军最主要的连级机枪。直至大战结束后，许多国家的军队还继续装备了一段时间。

老式水冷式重机枪

M1917A1 式机枪是一种老式的水冷式重机枪，设计者是著名的美国枪械师 J.M.勃朗宁，所以又被称为勃朗宁 M1917A1 式重机枪。由于一战爆发，此枪于 1917 年投入生产，1936 年，对原枪进行了改进，正式定名为 M1917A1 式。该机枪口径为 7.62 毫米，枪长 981 毫米，每分钟可发射 450~600 发子弹。

安装 M1917A1 机枪的女工

改造的原因

勃朗宁 M1917A1 式 7.62 毫米机枪具有火力猛、形体比较笨重的特点，而且这种机枪利用枪机后坐能量带动拨弹机构运动，来完成弹带供弹的过程。它的枪管可以自由拧出，以有利于调整弹底间隙，而枪管的外套有用于冷却枪管的可容 3.3 升水的套筒的同时，还配有 1917A3 式三脚架。从外形以及内部构造上，就能够看出整个重机枪的制造原理和在当时条件下自身无法克服的弱点。这也是它后来被逐渐改造的原因。

▲一战期间在法国作战的美军士兵试射 M1917A1 机枪

改进工作原理

M1917A1 重机枪在其自身的弱点被逐渐克服的情况下，产生的 M1917A4 重机枪，其实也是对基本的工作原理的改进。M1917A4 重机枪与 M1917A1 式重机枪一样，采用枪管短后坐式工作原理，卡铁起落式闭锁机构，整个机构比较复杂。枪机在后坐、复进过程中，完成一系列抛壳、供弹、推弹入膛、枪机与枪管的闭锁动作。

▲硫磺岛战役期间一名美国海军陆战队士兵正用 M1917 机枪向日军开火

M1919A4

M1919A4 式 7.62 毫米口径机枪是M1917A1 的改进型。一战后，美国军械局在 M1917 式勃朗宁重机枪的基础上逐步推出了 M1919 系列机枪，首先是装备在坦克上的M1919 和 M1919A1，主要改进是去掉枪管上外罩的水筒，改水冷为气冷。最终，军械局决定，将改进 M1917A1 水冷式重机枪，产生了M1919A4 式机枪。M1919A4 式重机枪是美国军队的制式武器，也是美军在朝鲜战场上使用的主要重机枪之一。不过，它不能像水冷式那样长期维持同一水平的持续火力。

▲使用勃朗宁M1919A4 机枪作战的美军士兵

▼勃朗宁 M1917 式重机枪

勃朗宁 M2 机枪

勃朗宁M2 机枪是著名枪械设计师约翰·勃朗宁在一战后设计的重机枪。这款重机枪自 20 世纪 20 年代起装备美军的飞机，用于步兵架设的火力阵地和军用车辆，如坦克、装甲运兵车等。M2 机枪从 1921 年就开始使用服役至今，可说是极为成功的重机枪设计。其中，M2HB 机枪也是世界上使用最广、最成功的重机枪之一。

寻根问底

为什么 M2HB 被称为"古董级武器"？

美军枪械发展史上有一个有趣现象：其他枪族都换了好几代，唯独重机枪还是"勃朗宁"M2HB。这种被戏称为"地狱夫人"的机枪已服役 80 余年，是美军中少有的古董级武器。

M2 式勃朗宁重机枪

M2 式勃朗宁大口径重机枪其实是M1917 式勃朗宁重机枪的放大版，于 1921 年正式定型，列为美军的制式装备，命名为M1921。该枪装有水冷散热装置，而且增加了一个液压缓冲器，以吸收过大的枪管后坐力。为了便于士兵双手操作，还去掉了小握把，改为装在机匣后方的双握把。20 世纪 30 年代，美军又研制成第一挺气冷式 12.7 毫米口径重型机枪。

▼勃朗宁 M2 机枪是美军轻武器中服役时间最长的一种

勃朗宁 M2 机枪

配备专门的弹药

M2 的 12.7×99 毫米勃朗宁机枪弹由美国温彻斯特公司开发，主要对抗一战时德国的 13 毫米口径反坦克步枪弹药。为了赶进度，设计师勃朗宁和温彻斯特公司的技术人员合作，在 M1917 式勃朗宁重机枪的基础上研制成 12.7 毫米口径机枪。

P38 战斗机的机头装有 4 挺勃朗宁 M2 机枪

M2 的优缺点

M2 大口径机枪采用 12.7×99 毫米勃朗宁机枪弹，所以它具有火力强、弹道平稳、射程极远的优点。M2 射速为每分钟 450~550 发（二战时航空用版本为每分钟 600~1200 发），后坐作用系统令其在全自动发射时十分稳定，命中率亦较高，但低射速也令 M2 的支持火力降低。

美国陆军在悍马车上的勃朗宁 M2 机枪

不断改进

1932 年，美军对 M1921 改进后正式被命名为 M2，换成重量轻的带气冷式枪管。当时为解决持续射击枪管容易过热的问题，又于 1933 年研制出了带重型枪管的 M2 式机枪，称为 M2HB 式，后来更推出了可快速更换枪管的 M2QCB 及轻量版本，一直沿用至今。

M2HB 式机枪

美国 M2HB 式机枪是世界上最著名的大口径机枪之一，被世界上 70 多个国家的军队采用，仅在美国就生产了 200 多万挺，而且至今宝刀不老，在美国及其他一些国家军队中仍在使用。M2HB 式大口径机枪适用于地面野战、高射、机载和车载。美国军队除装备带三脚架的 M2HB 式机枪外，还将它配装在轻型吉普车和步兵战车上，作地面支援武器使用，也作坦克上的并列机枪使用。

海军双联装版本的 M2HB 式机枪

轻机枪

轻机枪是相对于重机枪、通用机枪而言重量较轻的一种机枪。实际上，轻机枪是由19世纪末和20世纪初的重管自动步枪发展而来的，主要是因为最早的机枪都很笨重，仅适用于阵地战和防御战，在运动作战和进攻时使用不便。于是，各国军队迫切需要一种能够紧随步兵实施行进间火力支援的轻便机枪，轻机枪也就应运而生了。

认识轻机枪

轻机枪通常使用与制式步枪相同的弹药，尤其是中小口径步枪弹。从名字上，我们就可以看出轻机枪的重量要比通用机枪轻，它可以全自动射击，还能提供步枪不能做出的支援用途及持久压制火力。一般的轻机枪都附有两脚架、重枪管。轻机枪是以两脚架为依托抵肩射击的重量较轻的机枪。重量轻、机动性好是轻机枪最大的特点，它可以由一个士兵操作使用，早期的轻机枪多数为两人一组，主射手配有副射手兼弹药兵一名。

▲ 拆解状态的米尼米 M249 轻机枪

突出特点

轻机枪的自动方式应用最广的是导气式和短管退式。导气式一般有气体调节器，可以调节射击速度以适应不同使用条件。轻机枪的供弹方式有弹仓式和弹链式，容弹具通常采用可以迅速卸下的容弹量大的弹匣，或放在盒内的金属弹链，多用连发发射机构，由射手控制发射弹数。

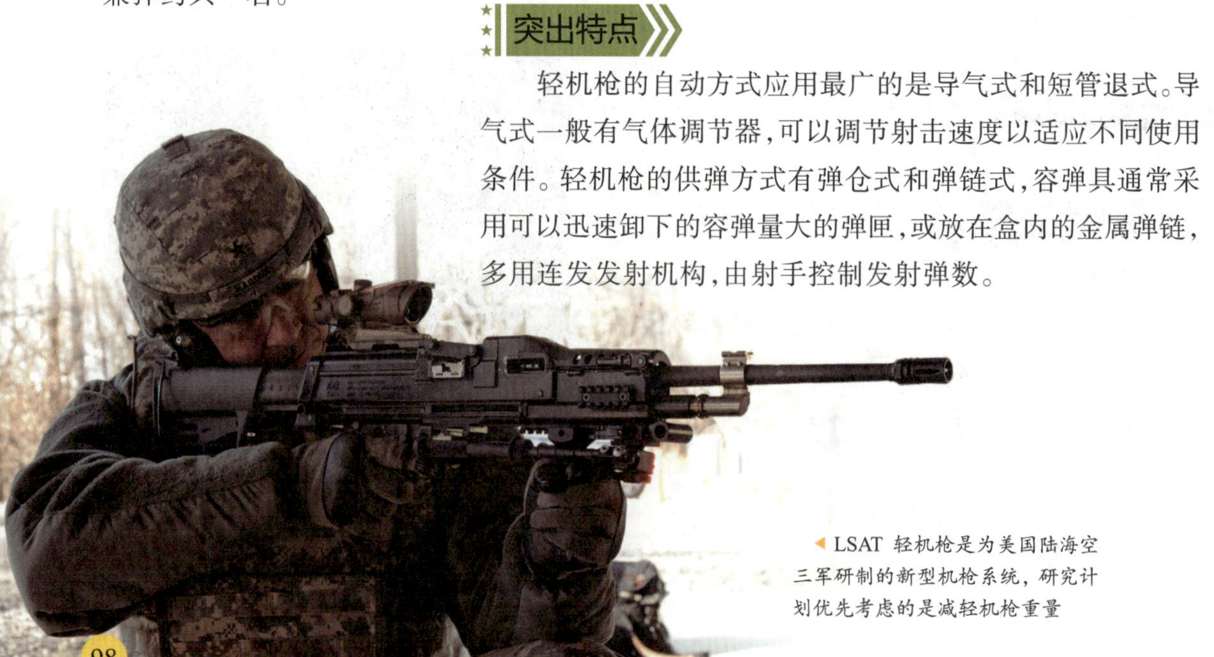
◀ LSAT 轻机枪是为美国陆海空三军研制的新型机枪系统，研究计划优先考虑的是减轻机枪重量

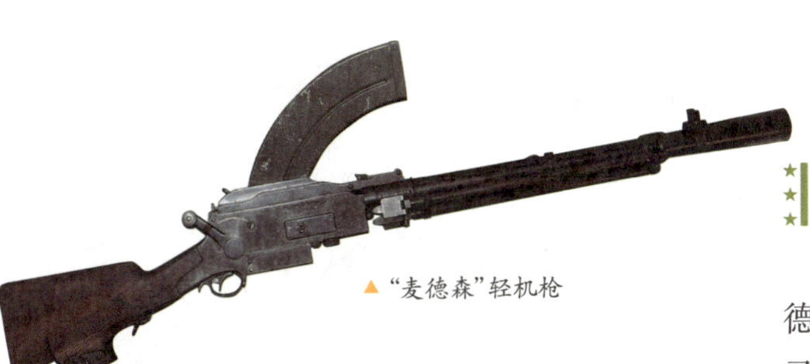
▲“麦德森”轻机枪

麦德森机枪

第一款成功的轻机枪设计是丹麦的麦德森机枪。丹麦炮兵上尉 W.O.H.麦德森在马克沁发明重机枪后不久，就开始研制轻机枪。19 世纪 90 年代，麦德森设计制造了一挺可以使用普通步枪子弹的机枪，定名为麦德森轻机枪。该机枪装有两脚架，可抵肩射击，全重不到 10 千克。麦德森机枪性能十分可靠，口径和结构多变，可适应不同用户要求，因此是当时军火市场的“宠儿”。

寻根问底

布伦轻机枪的名字是怎么来的？

布伦轻机枪是英国和捷克合作设计生产的，用来取代一战时期留下来的路易斯轻机枪。布伦(BREN)这个名字就是从捷克名布尔诺和英国的工厂名恩菲尔德中各取前两个字母而来的。

哈力克的设计

1920 年，捷克枪械设计师哈力克在布拉格军械厂开始设计一种新型的轻机枪。第一支样枪称为布拉格一式，1923 年哈力克继续改进他的设计，制出布拉格 I23 型，1926 年开始正式量产，定名为布尔诺国营兵工厂 26 型，即 ZB26。

弹匣装弹量小，是其设计缺陷

▲ZB26 轻机枪

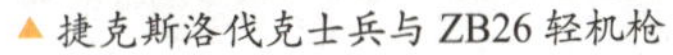
▲捷克斯洛伐克士兵与 ZB26 轻机枪

布伦式轻机枪

布伦式轻机枪也称布朗式轻机枪，是二战中英联邦国家军队的主要枪械。该枪经过苛刻的测试，良好的适应能力使得它的使用范围十分广泛，在进攻和防御中都被使用，是被战争证明的最好的轻机枪之一。它和美国的勃朗宁自动步枪一样，能够提供攻击和支援火力。

▲布伦式轻机枪

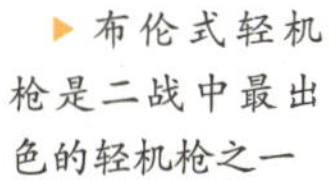

▶布伦式轻机枪是二战中最出色的轻机枪之一

班用自动武器

米尼米轻机枪是比利时FN公司于20世纪70年代开始研制的机枪，它是一种5.56毫米小口径轻型机枪。1982年，美军决定采用该枪作为陆军班用自动武器，型号定为M249。1985年8月，该枪正式装备部队，1991年，在海湾战争中亮相，受到外界普遍关注。除美国外，还有比利时、加拿大、澳大利亚等20多个国家列装了该枪。

M249 全长 1041 毫米，机枪含200发弹链及硬塑料弹箱重7.5千克

借鉴苏联的经验

对武器枪族化发展起推进作用的是苏联。1959 年苏联定型了使用中间型枪弹的AKM-RPK枪族，为其战斗分队装备了使用步枪弹的机枪，武器系列化、弹药通用化在战场上无疑有很大的优越性。1974年，比利时FN公司借鉴苏联的经验，研制成功米尼米5.56毫米轻机枪，使该枪成为小口径轻机枪家族的先驱。此后，该枪一直称霸于西方各国军队，并且成为小口径机枪的样板。

M249 可发射多种不同用途的弹药

艰难胜出

20世纪60年代，随着班用武器的小口径化，美军迫切需要一种小口径班用机枪作为火力支援武器。当时，美军开始物色班用自动武器时，一共有4种候选枪参加试验，它们是 XM106、XM248、德国HK公司生产的HK23、FN公司的米尼米(试验型编号为XM249)。在参与选型试验过程中，FN 公司在XM249上投入了大量的资金和技术。最终在1982年，美军决定采用XM249，并正式定名为M249。

试射 M249 的士兵

简单易操作

米尼米机枪的机匣寿命为 10 万发，机枪为 5 万~6 万发，全枪连同 200 发弹箱重 10 千克。米尼米机枪比 M60 通用机枪轻，只需一人携带操作。米尼米有两种供弹方式，一般情况下是采用弹链供弹，应急时则直接使用 M16 步枪的 20 或 30 发标准弹匣。

班用自动武器

米尼米 M249 轻机枪是班用轻型支援武器，主要供步兵、伞兵和海军陆战队使用。由于该枪重量轻，弹药通用，可用作步兵班的支持火力，所以它也被称为“班用自动武器”。美国于 1981 年引进并装备，1988 年，美国又对其进行改进，进一步提高命中精度和弹匣寿命。

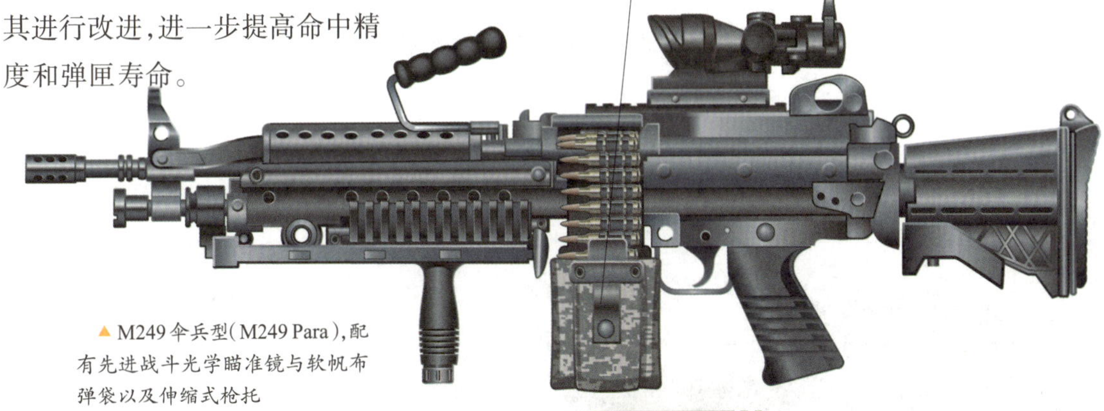

可装 200 发子弹的软帆布弹袋

M249 伞兵型（M249 Para），配有先进战斗光学瞄准镜与软帆布弹袋以及伸缩式枪托

精益求精

美军装备 M249 机枪后，在使用中发现它存在一些严重的问题，如可靠性差、射击散布过大等。FN 公司随即对米尼米机枪进行了一系列的改进，采用一种新型的液压气动式制退器，改进了后坐缓冲，提高了机枪的射击精度，最终使该机枪比美军中现役的其他机枪的精度都高。

见微知著　　制退器

制退器是一种减小枪口后坐能量的枪口装置，通常安装在膛口。它用于减少发射时的后坐冲量，从而可提高射击稳定性，并可以减轻武器重量。它的外形一般为圆柱形或圆锥形，内部有制退腔，火药燃气在其中膨胀。

RPK 轻机枪

RPK 轻机枪是苏联在 1959 年为苏军装备以替换 RPD 的轻机枪，发射 7.62×39 毫米中间型威力枪弹，属于苏联的第二代班用支援武器。RPK 是俄语“卡拉什尼科夫轻机枪”的缩写，我们可以从它的名字中得知其设计者。卡拉什尼科夫是著名的枪械设计师，以设计“AK47 突击步枪”而闻名遐迩。

著名的枪械设计师

卡拉什尼科夫出生于哈萨克斯坦阿拉木图。1938 年，他应征入伍，开始学习机械技术并显示出机械设计的才能。自从卡拉什尼科夫被调到伊热夫斯克军工厂，他相继开发出一系列的轻武器装备苏联军队。他设计了 AK47 并最终定型为 AKM，并在 1959 年开始装备苏军。他在 AKM 的基础上发展了一系列班排用机枪，其中包括著名的RPK，还有根据 AK47 突击步枪的工作原理所设计的 PK 通用机枪。

▲ 卡拉什尼科夫

改进而成的 RPK

RPK 是卡拉什尼科夫在 AK47 改良型 AKM 型步枪的基础上改进而成的，它保持着AK47 的良好效能及可靠性。初期，在 10 人步兵班中可配备一把作班用机枪。20 世纪 70 年代后期，小口径的 AK74 及 RPK74 开始装备苏军，尽管如此，大量 RPK 仍旧装备军队，直至现在。

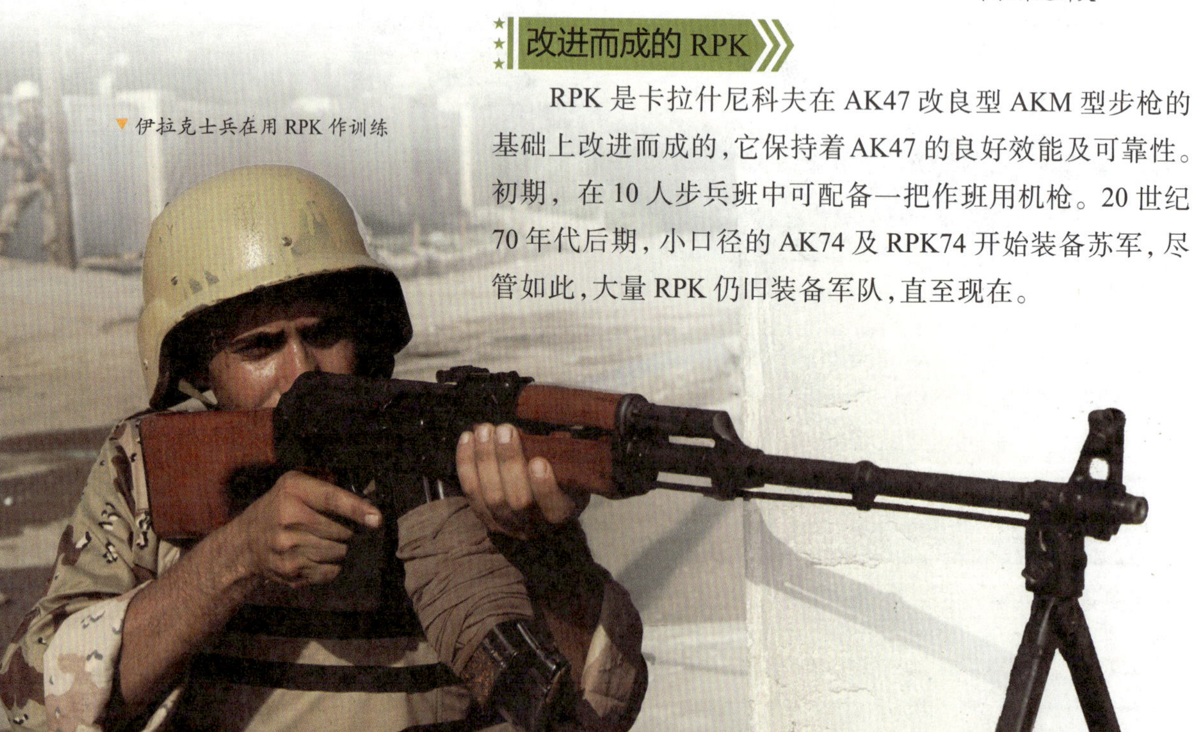

▼ 伊拉克士兵在用 RPK 作训练

▲ 街头路人组装和拆卸训练 AK47 步枪和 AK74 突击步枪

新的研制成果

在新的 5.45 毫米弹和 AK74 突击步枪被部队采用后，以 AK74 为基础的班用轻机枪也开始研制，其中木制固定枪托的称为 RPK74，供伞兵部队使用的折叠枪托型的为 RPKS74。RPK74 和 RPKS74 在 20 世纪 70 年代后期装备苏联军队，现在俄罗斯军队仍在使用，每个步兵班中都有一挺 RPK74。

寻根问底

PKM 是与 RPK 有什么关系？

PKM 是卡拉什尼科夫于 1969 推出的 RPK 的改进型，PKM 配上三角架就可当重机枪用，其三角架是特柏洛夫设计的。该轻型三脚架的每只脚架都能折叠，方便携行，在地面高低不平时调整各自的高度。

RPK 的特点

RPK 采用长、重枪管，有效射程及枪口初速比 AK47 高，枪口装有新型制退器以降低连续射击时的后坐力，备有可提高射击精确度及方便伏姿射击的钢板压铸而成的折叠式两脚架，照门重新设计并增加了风偏调整，令远程射击精确度有所提高，改用适合机枪使用的改进型大型木制固定枪托以保持枪支稳定性。

▲ RPK74M 装有塑料护木及塑料折叠枪托

RPK74

木制固定枪托的 RPK74 的枪管加长、加重，可实施自动或半自动射击。它还有一个特点，就是与步枪零件互换率高。RPK74 的枪口消焰器也不同于 AK74，上面有 5 个柳叶状的孔，形状类似于美国 M16 的鸟笼形消焰器。不过，由于枪管固定不能更换，因此 RPK74 不能做长时间射击。

▼ RPK 轻机枪动作可靠，故障率小，能在各种恶劣的条件下使用，而且操作简便，连发时火力猛

通用机枪

通用机枪是一种既具有重机枪射程远、威力大、连续射击时间长的优势，又兼备轻机枪携带方便、使用灵活，紧随步兵实施行进间火力支援的优点的一种机枪。它是机枪家族中的后起之秀，从20世纪50年代起，各国普遍用通用机枪取代轻机枪与重机枪。美国的M60、德国的MG42、比利时的MAC等都是世界著名的通用机枪。

在战争中发展

通用机枪也可以说始于20世纪30年代，当时的纳粹德国最先使用MG34通用机枪装备部队。自二战以后，通用机枪得到了飞速发展。20世纪50~70年代，是通用机枪的盛行时期。

▲ 二战中的MG34通用机枪

多用途的机枪

由于通用机枪集合了重机枪和轻机枪的优点，因此说它是一种多用途的机枪。通用机枪可执行轻机枪及重机枪的任务，轻型设定时可由单人携带，有很强的战场适应性，机动灵活，便于训练和补给。近代的通用机枪采用气冷设计，发射7.62×51毫米北约标准步枪弹或7.62×54毫米中口径全威力弹药，附有两脚架，也可装在三脚架上或车辆上。

▼ M240通用机枪从1977年开始在美国军队服役，被广泛运用于步兵、地面车辆、船舶和飞机

聚焦历史

丹麦生产的麦德森机枪首创通用机枪的概念。该枪使用两脚架时可作轻机枪，使用三脚架时可作重机枪。但由于该机枪采用弹匣供弹，在持续火力方面稍差，且多数被当作轻机枪使用，因此多数人并不把麦德森机枪当作通用机枪。

德国的研发

最早发展通用机枪的国家是德国。在一战和二战之间，由于《凡尔赛条约》中规定德国军队不得拥有和使用弹链供弹的重机枪，为了回避条约的规定以及降低西方国家的质疑，德国开始研发能进行长时间连射而重量轻于以往重机枪的新型机枪。最终研发的成果是于1926年出现的MG13，并确定了通用机枪的研发路线。

▲ 二战时期，德军装备的MG34通用机枪

通用机枪的制造

在确定好研发通用机枪的路线后，德国于1934年制造了MG34通用机枪。这是一种多用途的中口径机枪，用以取代MG08及MG15。MG34采用气冷设计、弹链或弹鼓的选择式供弹、可快速更换枪管、附有两脚架以及三脚架。使用两脚架时为步兵使用之轻机枪，换装三脚架时即可成为重机枪，用途广泛。二战时期，德军在步兵单位以及车辆上装备的MG34在战场上效果良好，深受士兵爱戴。

致命的缺点

MG34是德国在二战中使用的主要步兵武器之一，也是世界上最出名的机枪之一。它在二战中发挥了非常好的效果，其优点很快为各国军方所认可。但MG34有两个致命缺点：一是太重(枪全重12千克)；二是零部件的结构比较复杂，制造工艺要求过于严格，生产困难。

▼ 二战时期，车辆上装备的MG34通用机枪

MG42 通用机枪

二战期间，德国在 MG34 机枪的基础上，又研制出了 MG42 机枪。它是 1939 年由德国的格鲁诺博士根据波兰设计图纸研制的。跟其他二战优秀兵器一样，MG42 大量使用冲压组件，结构简单，性能之可靠还要胜过 MG34 一筹。尤其是格鲁诺在设计这挺机枪时大量采用了冲铆件，这样就大大提高了武器的生产效率。

疯狂的射速

MG42 式 7.92 毫米通用机枪原称为 M39/41 式标准机枪。1942 年，德军开始装备该枪，命名为 MG42 式机枪。MG42 可以说是所有机枪中射速最疯狂的一款通用机枪，可高达每分钟 1500 发。MG42 的另外一个特点就是它独树一帜的“撕裂布匹”的枪声。

▲ 二战中，准备用 MG42 通用机枪进行扫射的士兵

轻重两用机枪

MG42 式 7.92 毫米通用机枪亦称轻重两用机枪。它不但拥有轻机枪的轻便灵活，紧随步兵实施行进间火力支援，而且还具备重机枪的射程远、连续射击时间长的威力。正是MG42 式通用机枪具有的其他武器无法比拟的机动灵活性等优点，使其能够很快适应战场上的训练和补给，在二战的战场上尽显其威。

▼ 二战中的德国士兵和 MG42 通用机枪

▲ 肩扛 MG42 通用机枪的机枪手

良好的适应性

在德国武器中，MG42 通用机枪的可靠性、耐用性都非常好，而且结构简单、容易操作，成本还很低廉。无论在苏联零下 40℃的冰天雪地，还是诺曼底低矮的灌木丛林，又或者是北非炎热的沙漠。柏林的碎石和瓦砾堆，MG42 都是德军绝对的火力支柱，也是德军敌人的噩梦。在酷寒的苏联战场，MG42 是少数发挥正常的步兵武器之一。

MG42 机枪家族

由于 MG42 通用机枪有着优良的设计，以至于 MG42 产生了各款衍生型，形成“血脉绵延不绝”的机枪家族。例如，从 MG42/59 衍生出的 MG1 到 MG2，以及 MG3，除了时代的变迁与型号的改变之外，MG42 的身影与精髓依旧跨越时代的冲击。

MG42 枪管上的散热孔是方形的，而 MG34 的是圆形的

公认的好机枪

MG42 通用机枪是二战中公认的最优秀的机枪，它为德军步兵提供了无与伦比的火力支持。因此，在二战结束时，该枪已生产 100 万挺。战争结束后，德国继续装备这款机枪，并将型号改为 MG3，一直列装到今天。MG3 在国际市场十分走俏，目前列装 MG3 的国家已有十几个。

寻根问底

人们为什么把 MG42 称为“三最”机枪？

对于 MG42 通用机枪的出现，轻武器评论家评论它是最短的时间、最低的成本，但却是最出色的武器。因此，后人据此戏称 MG42 为“三最”机枪。

▼ 战场上的 MG42 通用机枪

“兰博”机枪

很多人对M60通用机枪的了解仅限于知道它是“兰博”机枪，史泰龙在电影《第一滴血》中使用的就是M60。其实，M60通用机枪是20世纪五六十年代世界四大著名机枪之一。越南战争初期，M60是唯一能压制越南士兵AK47步枪火力的轻武器。除美军装备外，还有韩国、澳大利亚等30多个国家和地区的军队使用它。

研制背景

二战后，美国从战场上获得为数不少的德军武器，春田兵工厂从中汲取设计经验，其中参考了FG42伞兵步枪导气和闭锁系统及MG42通用机枪的弹链式供弹设计，并先后吸收了桥梁工具与铸模公司的T52计划与通用汽车公司的T161计划，两者结合成新的T161E3机枪。1957年，T161E3在改进后正式命名为M60通用机枪。

M60早期型机匣进弹困难，必须托平弹链，才能正常发射

见微知著　弹链

弹链是为机关枪或各种全自动速射武器持续供弹的部件，通常可以分为“可散式弹链”和“不可散式弹链”两种。它的主要目的是把大量子弹以串联方式连接成供弹具，令机枪可无间断地持续发射连串子弹。

▼越南战争中的M60

如何工作

M60通用机枪采用导气式工作原理、弹链式供弹、枪机回转式闭锁。M60的枪管可以快速更换，主要作为通用的支援武器使用。作轻机枪用途时，M60使用自带的折叠两脚架，作重机枪用途时，M60还可安装在可折叠的M122三脚架上，或使用M4、M6等车载射架安装在车辆上。

▲ 机载型 M60 机枪

存在的缺点

M60式通用机枪具有重量轻、结构紧凑、火力猛、精度高、用途广泛等特点。但M60也有一些缺点，主要问题是枪管升温快、更换枪管困难、活动部件不耐用等。而且，M60作为搬用支援武器来说显得太重，作为重机枪射速又太低，并且适应性一般，在风沙或潮湿的环境下很容易出故障。此外，M60的许多零部件也存在脆弱易损、寿命短的问题。

▲ 车载型 M60 机枪

澳大利亚的 M60

澳大利亚的M60与美国的M60稍有不同，其根据丛林战的经验进行了一些改进。由于其设计目的只是进行火力压制，掩护其他士兵进入最近的掩护物建立射击阵地。因此，最初澳大利亚的射手在部队行进时使用只有约15或20发的短弹链，这样做大大减轻了重量。

▲ 发射状态的 M60E3 出现在 20 世纪 80 年代

逐渐被取代

M60系列有多个型号，主要有M60、M60D和M60E3等。现在M60在许多方面都已经显得落后了，尽管有新的改进型出来，但由于一些缺点难以克服，因此美军装备的M60系列正逐步被M240系列所取代。但在美军特种部队和直升机上，M60系列仍作为轻机枪或航空机枪使用。

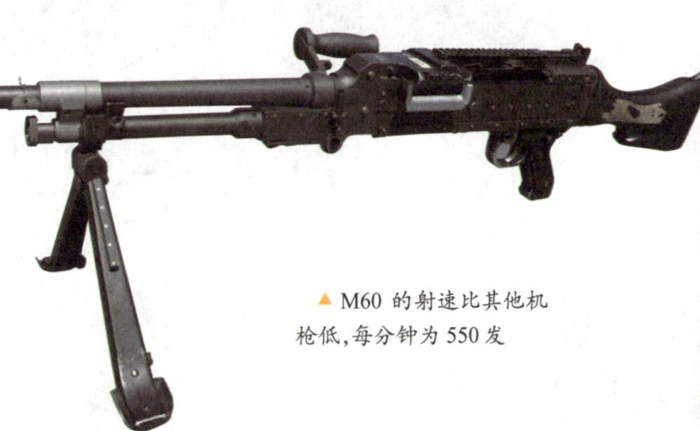

▲ M60 的射速比其他机枪低，每分钟为 550 发

M1952 通用机枪

M1952 通用机枪也称AAT52 通用机枪，该枪在法国机枪史上有着举足轻重的地位，因为它是法国自主设计并装备部队的第一代通用机枪。它的出现表明法国人的机枪设计思想有了很大的改变。其取代了M1924/29轻机枪，正是这一自由转换通用机枪在作战中所发挥的巨大作用，使其成为法军新的制式自动武器和各国军队装备必不可少的武器。

设计背景

M1952 通用机枪的设计是源于法国在越南反法战争中战败所致。当时法国的装备多由美、英两国提供，也有一些二战中缴获的武器。由于法军武器不统一，战场上弹药供应混乱，导致法军大败。因此，法国决定制造一种通用机枪。M1952 通用机枪就是在这种背景下开始研发的。

▼M1952 是现代通用机枪之中较为特别的，其内部的反冲式操作系统是以杠杆作为基础，而此系统主要分为两部分，包括闭锁杠杆和闭锁槽

充分的灵活性

M1952 式 7.5 毫米通用机枪既可作轻机枪使用，又可作重机枪使用。当该武器装上轻型枪管、两脚架和枪托时作轻机枪；如果换上重型枪管，安装在美国的M2 式三脚架和法国产的连接头上便成为重机枪。不仅如此，该枪还可以换成7.62 毫米枪管，发射北约制式枪弹。

美中不足

M1952 式 7.5 毫米通用机枪的消焰器效果比较差。机械瞄准具的准星比较独特，结构为麦粒准星，V 形缺口照门。照门上的表尺可调风偏和高低。虽然 M1952 式 7.5 毫米通用机枪的优点是结构简单，生产方便，但缺点是重心太靠后，操作性能差。

M1952 通用机枪枪族

从 20 世纪 50 年代装备部队，到 21 世纪初被 FN 公司的米尼米机枪取代，M1952 在法军中服役近半个世纪，是名副其实的功勋装备。在其漫长的服役生涯中，M1952 还派生出了多种改良型号，广泛应用于陆海空多个领域，形成了一个阵容强大、蔚为壮观的 M1952 通用机枪枪族。

聚焦历史

1962 年，法国在 AAT52 通用机枪的基础上，改进研发了一个北约 7.62 毫米口径的型号，被命名为 AAN-F1 通用机枪，并于当年装备部队。该枪自动方式为半自由枪机式，供弹方式为弹链，配用北约 7.62×51 毫米枪弹。

结构与服役

M1952 式 7.5 毫米机枪的自动方式为半自由枪机（延迟后坐）式，在原理上与西班牙的赛特迈突击步枪和瑞士的 57 式突击步枪的枪机结构相似。M1952 与法国在两次世界大战中使用的武器大不相同，它取代了 M1924/29 式机枪，成为法军的班用自动武器。当该枪作轻机枪时，法国又将该枪作自动步枪使用。

▶ M1952 在法军中服役以来，尽管它已被证明是一件优秀的武器，但由于还有一些缺陷，因此并没有大量出口

高射机枪

高射机枪是一种防空的自动武器，主要对付低空飞机、伞降目标，群集起来和高射炮一起组成火网歼灭敌机的大口径机枪。在作战中，它还可以作平射，协同地面部队，压制敌人火力点，为步兵前进开辟道路，防御时掩护步兵转移。高射机枪主要装备防空部队、步兵、海军等，用以保卫军事据点以及野战阵地。

寻根问底

高射机枪在现代的使用情况如何？

现代飞机的护甲和速度的提高，使高射机枪显得笨重无力。随着航空技术越来越先进，高射机枪也越来越少。目前，单管高射机枪只有中国、俄罗斯和其他一些发展中国家使用。

组成部分

高射机枪主要是为了对付空中目标而设计的，一般由枪管、机匣、枪机、复进机、击发机、枪尾部、受弹机、瞄准装置、枪架等组成。在使用时，通常由班长、瞄准手、诸元装定手、装弹手组成机枪班、集体操作，在紧急情况下也可以减员操作。

▲ 苏联早期的高射机枪

▼ 1938 年澳大利亚的高射机枪

防御摧毁专家

高射机枪主要用于歼灭距离在 2000 米以内的敌人低空目标，还可以用于摧毁、压制地面或者水面的敌火力点、轻型装甲目标、舰船、封锁交通要道等。对于这种高射机枪来说，它除了用于战场上的防御和攻击，还可用来摧毁敌军坚固工事、仓库、团队人马、各种车辆以及射击来自海上的敌人舰艇，制止敌人登陆部队登陆。因此，在实际战斗中它堪称是武器世界里的“防御摧毁专家”。

主要类型

高射机枪一般分为单管、双管联装和四管联装等几种。如今，高射机枪中较常见的是以12.7毫米单管与14.5毫米的双管联装为主。此外，还有一种四联装高射机枪，战斗射速达到每分钟600发，主要用于歼灭低空机、俯冲机和空降兵。

▲ ZPU1 高射机枪

▲ ZPU2 高射机枪

随时代而发展

由于近代飞机的航速大大提高了，高射机枪射击时击中目标的弹头数量相对减少了，如果高射机枪的射速相对较低的话，敌机就会在两发弹头之间顺利通过而不被击中。为了保证可靠的射击效果，机枪就必须在单位时间内发射大量的子弹，来保证击中目标的弹头数。

ZPU 高射机枪

1949年，伊热夫斯克枪械师弗拉季米诺夫研制出口径为14.5毫米 ZPU 系列高射机枪，能够射击2000米内的空中目标和1000米内的地面目标。自 ZPU 系列高射机枪列装苏联军队以及东欧国家部队后，极大地提高了其地面部队的有效作战空域，增强了对空作战的能力，但14.5毫米高射机枪仍存在着体积大、过于笨重的缺点，只能以牵引方式在公路上或在平坦的地形上执行作战任务，一旦遇到山地、丛林、峡谷等复杂地形时则显得极不适应。

▲ ZPU4 高射机枪

航空机枪

随着战争的发展，空中战斗变得激烈起来，飞机性能和飞行员的驾驶经验也在不断增强与丰富。于是，各国研制出了许多适用于飞机作战的航空机枪。航空机枪是机枪家族的一员，它是口径小于 20 毫米的航空自动射击武器，专门用于航空战斗。经过多年研究改进，它已经发展成为一个精密的体系，自立门户，形成了枪械一族。

▲ 直升机上的 M134 六管机枪

航空机枪的出现

航空机枪的出现充满了传奇的色彩。一战以前，飞机刚刚应用于战争，但飞行速度慢，各项性能很差，只是作为侦察和指挥工具。而最早用于空战的武器可谓五花八门，砖头、石块、手榴弹都是武器。直到 1911 年墨西哥内战，革命军雇佣美国飞行员埃文兰伯，驾驶"寇蒂斯"式飞机，与政府军的一架侦察机在空中用手枪互射，开创了空战先例。

聚焦历史

米尼岗 M134 式机枪研制于 20 世纪 60 年代初，它是在机载 M61A1"火神"6 管 20 毫米速射机炮上发展而成的。后来，美国空军有关设计单位在此基础上重新改进设计，研制出 6 管 GAU2 型 7.62 毫米航空机枪。

▼ 装在飞机上的路易斯机枪

第一挺航空机枪

世界上的第一挺航空机枪叫路易斯机枪，它的发明者路易斯服役于美国陆军海岸炮部队，他为一家自动武器公司研制了一种机枪。他认为，把这种机枪安装到飞机上，一定能建立功勋。1912 年 6 月 7 日，路易斯的机枪被搬上一架莱特 B 型飞机，枪身固定在一根横杆上进行空中射击测试，结果非常理想。

重大意义的战例

一战初，法国人首先把带活动支架的地面用机枪装到飞机后座上。1914 年 10 月 5 日，法国飞行员弗朗茨和观察员凯诺特驾驶一架瓦赞飞机在空中巡逻，发现一架德国侦察机正在侦察法军防线，弗朗茨逼近敌机，凯诺特用机枪瞄准，将其击落，这是空战史上首次击落敌机的战例。

高速航空机枪

一战期间，各国飞机上装备的航空机枪大多数都是由陆军装备的机枪改进而成的，射速不高。一战结束后，各国的军事工业飞速发展，飞机的性能迅速提高，各军事强国都意识到空军力量在未来战争中的决定性作用，纷纷大力发展自己的飞机工业。20 世纪 30 年代，由于战斗机飞行速度迅速提高，各军事强国广泛开展了高射速自动武器的研制。1932 年，苏联两位设计者设计出世界上第一挺高射速航空机枪——ShKAC 7.62 毫米航空机枪。

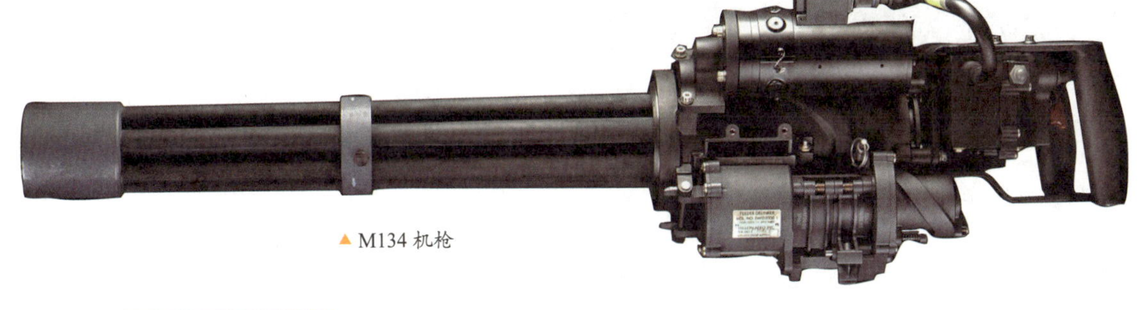

▲ M134 机枪

米尼岗 M134 机枪

米尼岗M134 式 7.62 毫米机枪，是美国在越南战争期间研制的 6 管航空机枪。这种高射速航空机枪主要装备在直升机上使用，也可作为机械化步兵的车载武器，具有射速高、威力大、子弹散布密集性好等优点。

▼ UH-1N 直升机上的 M134 6 管机枪

未来的机枪

随着现代科技的高速发展和军队机械化程度的不断提高，机枪的发展进入了新的历史时期，现代战场对机枪也提出了更高的要求。未来的机枪既要有较强的杀伤能力，又要有较强的机动性、较高的射击精度和全天候作战能力。为了达到这些新的要求，机枪也将向着新的方向发展，从而适应新的使用环境和作战人群。

见微知著　火控系统

火控系统是武器火力控制系统的简称，是控制射击武器自动实施瞄准与发射的装备的总称。非制导武器配备火控系统，可提高瞄准与发射的快速性、准确性，制导武器配备火控系统则可提高导弹对机动目标的反应能力，减少失误率。

发展方向

未来的机枪将向几个方向发展：班用轻机枪逐渐减小口径，并与突击步枪组成小口径班用枪族，以使其弹药和零部件能够通用；机枪重量将逐步降低，以提高其机动性；轻、重机枪日渐车载化和通用化，在一些国家的机械化部队中，重机枪已经让位于车载机枪；研制新枪弹为增加携弹量，如大力研制机枪无壳枪弹；不断改进普通光学、激光和光电夜视瞄准装置。

XM307

机枪与榴弹发射器趋于一体化是适应反恐作战的又一变革。目前，最先进的机枪技术是美国的OCSW，已经正式定名为XM307。但是，它已经不是真正的机枪，而是一种自动榴弹发射器(AGL)。OCSW采用弹链式供弹，当时的计划是用于取代“勃朗宁”M2HB重机枪和MK19自动榴弹发射器这两种武器，用于轻步兵、车辆、飞机和船舶武器。

▼相较于MK19的系统重量65千克、M2HB的58千克，XM307的重量仅为22千克，但仍未达到设计要求

▲ XM312 机枪

理想班组武器（OCSW）

理想班组武器（OCSW）是一种显著提高作战效能和生存能力、由两人操作的武器系统。它拟取代MK19式40毫米自动榴弹发射器和M2式12.7毫米大口径机枪，将装备美国陆军、空军、海军、海军陆战队、海岸警卫队和特种作战部队等。

XM312

XM312是美国陆军研制的新型12.7毫米口径机枪，它的重量很轻，因此有一个特别的名称，叫“轻型重机枪”。由于XM312只是XM307的12.7毫米口径型，零部件大部分通用，只有5个不同部件，因此开发成本很低，开发时间也极短，而且便于野战维护。

▲ XM312 只需转换少数发射零件便可变成XM307

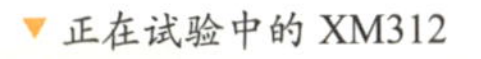

▼ 正在试验中的XM312

性能优势

XM312的开发不仅会降低将来装备XM307的技术风险，而且也能提高部队现有的作战能力。XM312比已经使用了86年的M2重机枪的后坐力更低，而新技术和新材料的使用使XM312的重量比M2HB轻66%，长度缩短18%。由于采用先进的火控系统，从指向目标到瞄准射击所需的时间将比M2HB减少一半。

冲锋枪

在枪械大家族中，冲锋枪是最年轻的枪种。相对而言，它与手枪和机枪的关系比较密切。冲锋枪是冲击和反冲击的突击武器，曾在20世纪的两次世界大战中发挥了重要作用。在二战以后，步枪向小型化和自动化方向发展，人们在研究了冲锋枪的构造以后，新研发出一种突击步枪。突击步枪的出现，让旧式冲锋枪的优势荡然无存。没过多少年，旧式冲锋枪就被各国军队弃之不用了。现在，我们所说的冲锋枪多指突击步枪。

发展历史

进入20世纪后，人们在实战中感到，在步枪和机枪之间还应再配备一种火力更为猛烈的单兵近战武器，以此来弥补火力空缺。冲锋枪就是为了满足这一需要应运而生的，而马克沁所发明的自动枪原理使得冲锋枪的诞生成为可能。由于冲锋枪诞生的理念是，既要提高火力，又不能增加枪的重量，因此自诞生那天起，它的尺寸和重量就受到严格限制。

第一支冲锋枪

世界上第一支冲锋枪是意大利陆军上校B.A.列维里于1914年设计发明的维拉·佩罗萨冲锋枪。该枪为双管自动枪，发射9毫米手枪弹。由于该枪射速太高，每分钟可发射3000发子弹，而且精度很差，又较笨重，不适合单兵使用，所以不太受欢迎。

▲ 维拉·佩罗萨M1915式冲锋枪

◀ 一战中，德军装备的MP18型冲锋枪

▼ 手持AK47自动步枪的士兵

为战争而生

冲锋枪从一战时开始研制。二战中，不同型号和不同口径的冲锋枪相继问世。二战以后，随着自动步枪的发展，冲锋枪与自动步枪的区别越来越小，有些已很难定义和分类，如德国的STG44突击步枪、苏联的AK47自动步枪等在苏联通常也被称为冲锋枪。

★聚焦历史★

列维里制造出的第一把具有冲锋枪特征的连射枪支，在诞生之初一直没有成为军队大范围装备的制式武器。直到二战，冲锋枪才被军队所广泛重视和使用。而在中国，冲锋枪却早早就被用于实战，并发挥了强大的威力。

二战中的辉煌

二战中，冲锋枪发展到全盛时期。在1939年，全世界装备的冲锋枪不过6万支，而到1944年时，这个数字变成了1000万支以上。期间发展了多种型号的冲锋枪，如MP38及其改型MP40型冲锋枪、苏联1936年生产的西蒙诺夫冲锋枪和英国1940年生产的司登冲锋枪等都是当时的名枪。二战时期的冲锋枪多采用冲压、焊接和铆接工艺，简化了结构，降低了成本，便于大量制造和使用。

▲ MP38/40冲锋枪是第二次世界大战期间德国军队使用最广泛、性能最优良的冲锋枪

司登冲锋枪

1941年初，英国在缴获的德国MP40型冲锋枪的基础上研制出一种新式冲锋枪。该枪由谢菲尔德和特尔宾两位设计师合作设计，在英国著名的恩菲尔德兵工厂生产。作为纪念，这种冲锋枪取两位设计师姓氏开头字母，加上兵工厂开头两个字母，被命名为“司登”冲锋枪。

▲ 英国司登冲锋枪虽然结构简单，做工粗劣，但却火力凶猛，在二战中为英军劈开了一条通向成功的道路

PPSh41 冲锋枪

苏联的PPSh41冲锋枪，是二战期间苏军使用数量最多的冲锋枪和最著名的单兵武器，于1942年开始大量装备苏军。人们普遍认为其作用和意义不亚于T34坦克。PPSh41冲锋枪除了结构简单、动作可靠、性能优良、火力猛烈且造价低廉之外，最出色的设计就是其供弹具为一个71发的大弹鼓，因此在战场上具有非常强大的火力，极受士兵的喜爱。

▼ 尽管有许多缺点，但PPSh41冲锋枪依然因低后坐力、高可靠性和近距离的杀伤力受到苏联士兵的喜爱

冲锋枪的特点

冲锋枪是一种现代单兵近战武器，长度介于手枪和机枪之间，可以发射手枪弹，可抵肩或手持射击。由于其短小精悍、火力迅猛、携带方便，因此非常适合冲锋或反冲锋、山岳丛林、阵地堑壕、城市巷战等短兵相接的遭遇战和破袭战等。冲锋枪是轻武器家族中不可缺少的重要成员之一，主要装备步兵、伞兵、侦察兵、炮兵、空军、海军等。

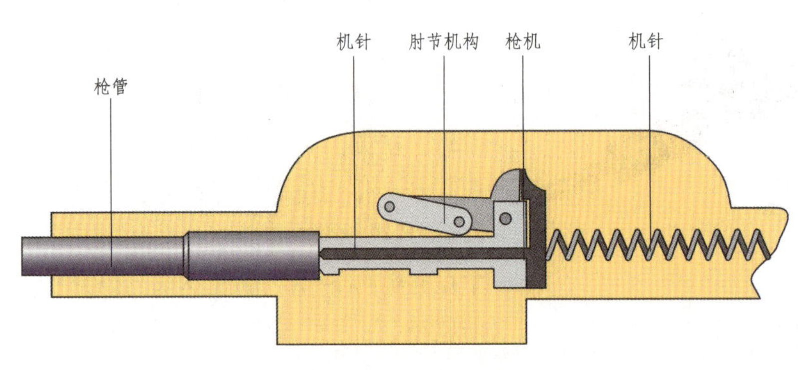

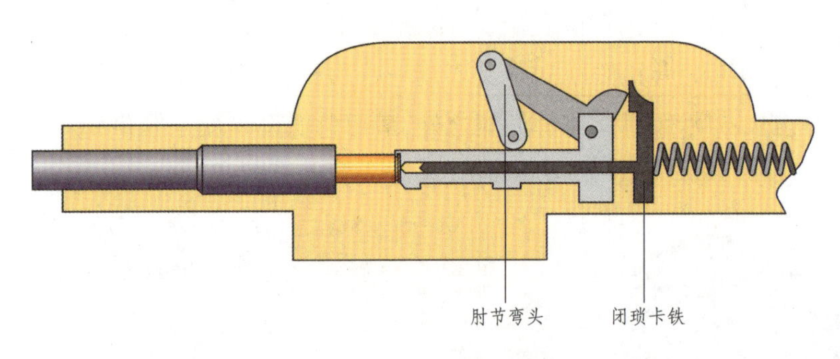

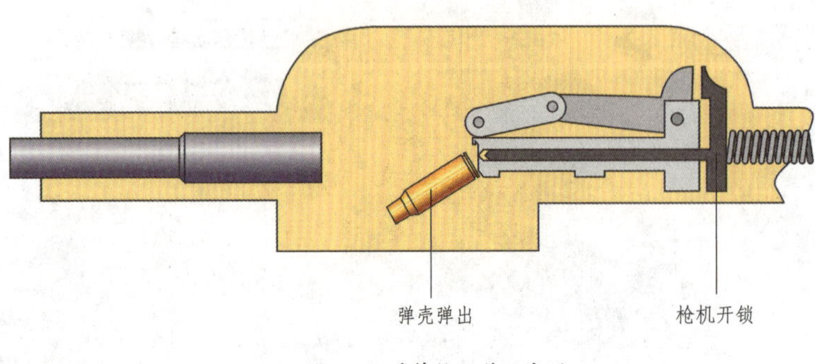

▲ 冲锋枪工作示意图

基本特点

冲锋枪通常是指双手持握、发射手枪子弹的单兵连发枪械，曾被称作“手提机关枪”。它是介于手枪和机枪之间的武器，比步枪短小轻便。二战以来，在战场上冲锋枪开始取代手枪。但是从本质上说，冲锋枪应该是单发弹仓步枪和机枪之间的武器。冲锋枪的基本特点可以概括为体积小，重量轻，灵活轻便，携弹量大，便于突然开火，射速高，火力猛，适用于近战或冲锋，而它的名字也是因此而来的。

工作原理

冲锋枪一般采用结构简单的自由机枪方式完成射击循环，即靠机枪的重量和复进簧力关闭弹膛，靠膛底压力推动机枪后坐。但更多冲锋枪采用半自由机枪式自动方式，即利用某种约束措施以减小机头（或枪机）后坐速度，延迟开锁。

第一支实用的冲锋枪

在各国开始研制这一新出现的枪种中，德国研制的伯格曼 MP18 式 9 毫米冲锋枪是世界上第一支真正实用的冲锋枪，同时出现的主要冲锋枪还有美国的M1928A1 式汤姆逊冲锋枪、芬兰苏米M1926 式冲锋枪和苏联的 PPD1934/38 式冲锋枪。

手持 MP18 的德国士兵

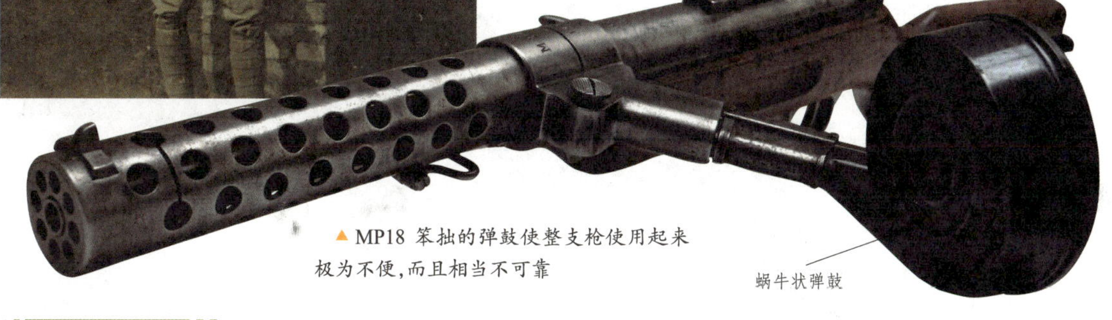

MP18 笨拙的弹鼓使整支枪使用起来极为不便，而且相当不可靠

现代冲锋枪

现代冲锋枪通常装有小握把，或由弹匣座兼作前握把，便于射击操作。它的枪托通常可以伸缩或折叠，便于在有限空间内操作和突然开火。现代冲锋枪还进一步向轻型和微型化发展，并走向多功能化、系列化，而且大多使用 20~40 发的直形或弧形弹匣供弹，战斗射速单发时约为 40 发/分，连发时为 100~120 发/分。二战后，随着弹药的逐步标准化，现代冲锋枪的口径也已趋于统一，大多数为 9 毫米，使用标准的 9×19 毫米的帕拉贝姆手枪弹。

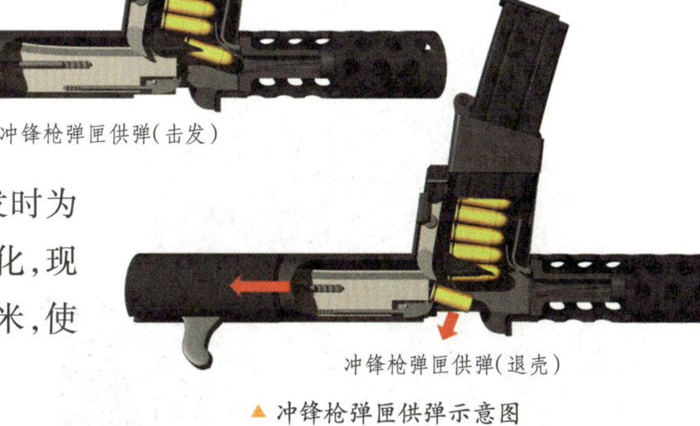

冲锋枪弹匣供弹示意图

分类

现代冲锋枪按自动方式，可分为全自动冲锋枪和半自动冲锋枪；按自动原理，可分为自由枪机式和导气式两大类；按战术用途，可分为普通冲锋枪和特种冲锋枪，特种冲锋枪又分为轻型冲锋枪和微声冲锋枪；按装备对象的不同，可分为军用、警用和民用三类。

见微知著　轻型冲锋枪

一般的冲锋枪全枪重量为 3 千克左右，而我们习惯把 2 千克以内的冲锋枪称为轻型冲锋枪或微型冲锋枪。这种冲锋枪往往比传统的冲锋枪更加短小、轻便，使用灵活，而且必要时还可以实现单手射击。

传奇之枪

整个二战最具传奇色彩的冲锋枪，当属德国MP38/40。MP40及其原型MP38，是与传统枪械制造观念所不同的冲锋枪，它不但具有现代冲锋枪的特点，而且是批量生产设计的第一种冲锋枪。它们也是二战期间德国军队使用最广泛、性能最优良的冲锋枪。

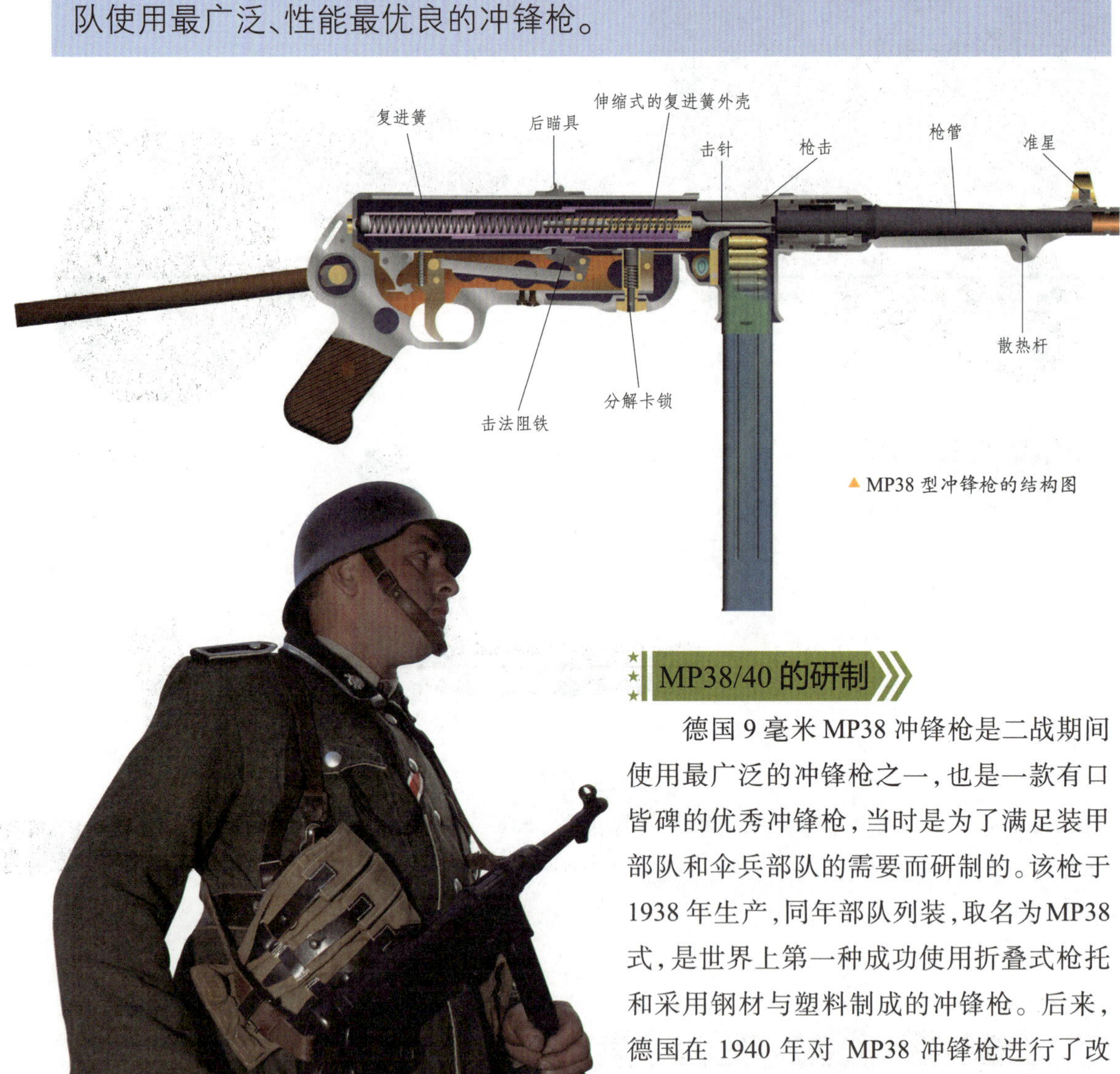

▲ MP38型冲锋枪的结构图

MP38/40的研制

德国9毫米MP38冲锋枪是二战期间使用最广泛的冲锋枪之一，也是一款有口皆碑的优秀冲锋枪，当时是为了满足装甲部队和伞兵部队的需要而研制的。该枪于1938年生产，同年部队列装，取名为MP38式，是世界上第一种成功使用折叠式枪托和采用钢材与塑料制成的冲锋枪。后来，德国在1940年对MP38冲锋枪进行了改进，使它造价更低、工时更少、安全性更高。这个改进的型号就是大名鼎鼎的MP40冲锋枪。

◀ 二战德国士兵一般有两个特征：头戴德式钢盔，手持MP40冲锋枪

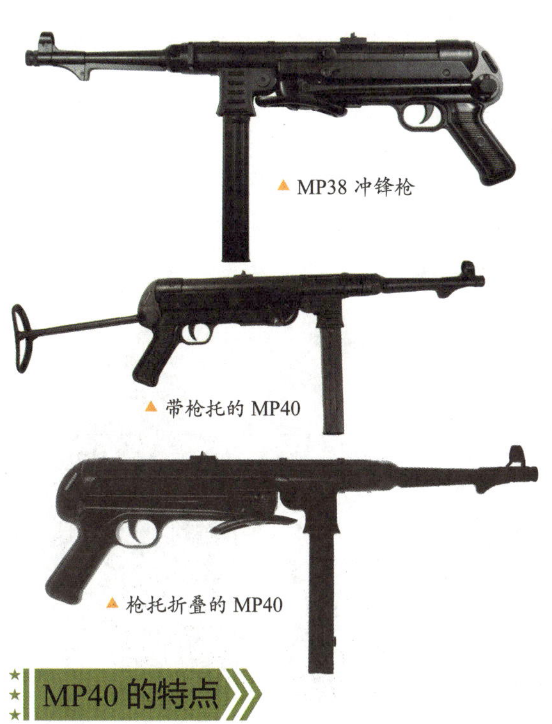

▲ MP38 冲锋枪

▲ 带枪托的 MP40

▲ 枪托折叠的 MP40

MP38

MP38 式采用自由枪机式工作原理。复进簧装在三节不同直径套叠的导管内，导管前端为击针。射击时，枪机后坐带动击针运动，并压缩导管内的复进簧，使复进簧平稳运动。该枪的机匣用钢管制成，发射机框为阳极氧化处理的铝件，握把和前护木均为塑料件。枪口部有安装空包弹射击用的螺纹，螺纹上装有保护衬套。枪托用钢管制成，向前折叠后正好位于机匣下方。该枪是通过将拉机柄推入机柄槽内的缺口实现简易保险的，这种保险机构可将枪机挂在后方位置，但动作不可靠，容易走火。

MP40 的特点

MP40 冲锋枪具有现代冲锋武器的几个最显著的特点，除了制造简单和造价低廉外，MP40 射击的稳定性和精度都比较高。由于后坐力很小，MP40 在有效射程内的射击非常精确，在持续射击中的精度更是无人能比。MP40 值得一提的缺点主要是弹匣可靠性较差，在低温环境里容易失去弹性，造成子弹卡壳，另外前部还缺少一个隔热的护手，长时间射击以后士兵的左手会被灼伤。

▼ 手持MP40 冲锋枪的德国女兵

影响深远

跟德军的其他许多武器一样，MP38/40 具有划时代的意义，因为这是第一支专为批量生产设计的冲锋枪。MP38/40 的金属组件主要是冲压而成的，采用简易的折叠枪托，传统木制组件都由塑料代替，这个设计理念影响了美国的 M3、苏联的波波沙以及英国的司登。

寻根问底

德国为什么要大量生产 MP40 冲锋枪？

MP40 用大量冲压、焊接工艺的零件代替 MP38 的机加工工艺的零件，降低了成本。标准化的零件在各工厂分别生产，在总装厂统一装配，这样就容易大批量生产。因此，在 1940—1945 年间，德国生产了大量的 MP40 冲锋枪。

汤普森冲锋枪

汤普森冲锋枪是以美国汤普森将军的名字命名的一种 11.43 毫米冲锋枪。作为冲锋枪的“元老”之一，该枪在 20 世纪二三十年代曾因很多杀人越货的匪徒都在使用而变得声名狼藉。但是，由于其战斗性能非常优越，因此成为美军装备的第一种冲锋枪。自从在二战中经受住严峻的考验后，它成为世界上著名冲锋枪之一。

汤普森和他的 M1921 式冲锋枪

汤普森 M1A1 式冲锋枪

名字的由来

汤普森生于 1860 年，曾任美国国防军兵工局局长，军衔为准将。他是美国自动化武器公司的总经理，有远见，懂技术，大力提倡研制一种介乎于手枪和步枪之间的中间型自动武器，即冲锋枪。他当时负责美军轻武器的设计与发展，积极致力于武器研制的组织工作，将自己大部分生涯用于研制和发展自动武器。所以这款转式冲锋枪便以汤普森的名字命名。

“堑壕扫帚”

实际上，汤普森并不是该冲锋枪的发明人，这款枪的真正设计者是美国的佩思和埃克霍夫。不过，冲锋枪在美国出现，实与汤普森有很大关系。1920 年，汤普森公司开始公开展示汤普森冲锋枪的样枪，以争取军队订单。这款新式冲锋枪使用美军 45ACP 标准手枪弹，由一个容弹 100 发的巨大弹鼓供弹，射速高达每分钟 1500 发，100 发的弹鼓 4 秒钟就可以打光。汤普森公司在广告中称此枪为“堑壕扫帚”，就是为了突出其无比强大的火力。

聚焦历史

汤普森冲锋枪被真正大量使用是在“日本偷袭珍珠港”事件之后。因为价格昂贵且笨重的路易斯轻机枪逐渐不再适合于应付大规模的战争，所以美军开始重新启用汤普森冲锋枪，并将这种机枪做了一定的改装。

最大的优缺点

汤普森冲锋枪最大的优点是可靠，在恶劣的环境下也能工作，而且威力大、火力猛。而它最主要的缺点就是结构复杂，也有些太重，超过了4.5千克，而且还缺乏穿透力，当然这也是二战中所有冲锋枪的共同缺点。

弹鼓

▶ 汤普森冲锋枪

▲ 丘吉尔试用汤普森冲锋枪

▼ 现在的汤普森冲锋枪是许多收藏家寻找的珍品

汤普森冲锋枪系列

汤普森冲锋枪早期的研发型号是M1919式。它最早产出型号是 M1921 式，后来又出现了 M1928、M1928A1、M1 和 M1A1 等型号。其中 M1921 式主要针对民用市场，因其威力大，被黑帮分子大量使用。

大器晚成

汤普森冲锋枪早在1918年就问世了，但由于当时美国军方对是否装备冲锋枪一事举棋不定，致使该枪大器晚成。直到1942年，美军才将其作为第一种制式武器正式列装部队，生产总量达140万把。但是，美国考虑到汤普森冲锋枪较重，且成本昂贵，1943年便停产了。1945年，美军和其他国家的军队也随之撤装。

“沙漠杀手”

乌兹冲锋枪是以色列在 1950 年研制的微型冲锋枪，其设计者是以色列的陆军中尉乌兹·盖尔。由于乌兹冲锋枪结构紧凑，性能可靠，尤其能够适应中东沙漠地区作战环境，因此一些以色列士兵不无自豪地称它为“沙漠杀手”。如今，乌兹冲锋枪已经遍布全世界，除了作为以色列的制式冲锋枪外，美、英、德、比等国的特种部队也都采用了它。

▲ 乌兹冲锋枪标准型

结构简单

乌兹冲锋枪在设计之初参考了著名的捷克 9 毫米 M23 型和 7.62 毫米 M24 型冲锋枪。该枪的枪机由方形钢铣削而成，加工方便。而它的机匣、瞄具等部分则广泛采用冲压和焊接工艺，握把、护木也使用抗热性能良好的塑料材料，生产工艺非常简单，成本较低。此外，乌兹冲锋枪的小握把位于全枪的中心位置，在连发射击时也容易控制。

安全可靠

乌兹冲锋枪的机匣两侧加工了几条长凹棱，不仅增强了机匣强度、减小了活动件与机匣的接触面，保证武器在恶劣环境下的可靠性，也具有良好的抗风沙、抗污垢性能。经过中东战争的多次考验，其优良性能远近闻名，是举世公认的最可靠的冲锋枪。不仅如此，该枪也是一支最安全的冲锋枪。它有三道保险机构：第一道是快慢机手动保险，其上有连发、单发和保险三个位置；第二道是握把保险，只有用手压下握把背部的保险锁，才能解脱保险，以防止武器失落走火；第三道是拉机柄保险。

▲ 乌兹冲锋枪迷你型

▲ 装有消音器的乌兹微型冲锋枪

▲ 乌兹微型冲锋枪

▲乌兹冲锋枪的分解图

博采众长

作为最具有现代冲锋枪特征的乌兹冲锋枪，兼收并蓄了其他许多冲锋枪的设计特点：采用自由枪机原理，开膛式击发，即枪机复进前冲。不仅结构简单，而且击发瞬间枪机的前冲可以抵消一部分后坐冲量，使枪机重量比静止击发的自由枪机减轻许多。它的自动结构颇具匠心，枪机前端有一凹槽，能够包裹住枪管尾端约95毫米，基本上是枪管长度的1/3，虽然全枪较短，但枪管仍保持一定长度。这种“节套”式枪机也使武器重心上移，利于射击稳定。

聚焦历史

以色列飞往巴黎的飞机，被恐怖分子劫持到非洲乌干达。1976年以色列36名突击队员远赴乌干达营救人质。战斗中，突击队员手持的乌兹冲锋枪以极高的射速发射子弹，仅仅用了45秒，便击毙了所有恐怖分子，成功解救了人质。

▼微型冲锋枪打开枪托后全长仅460毫米，可作为个人防卫武器使用

营救人质的利器

一般来说，普通的乌兹冲锋枪都配有用于特种作战的消音器、激光瞄具和用于转换成其他口径的枪管、枪机、弹匣等附件。在营救人质等特殊战斗中，这种乌兹冲锋枪是特种队员得心应手的武器。在电影《黑客帝国II》中，女主角一边坠落一边用乌兹冲锋枪狂扫反派特工的镜头让人难忘。

▲佩带迷你型乌兹冲锋枪的以色列士兵

恐怖克星

德国MP5冲锋枪是当代使用最广泛的冲锋枪之一，它以迅猛的火力和高精确度的结合，成为反恐部队尤其是营救人质小组的首选武器。这也正如MP5的广告宣传语所说的那样：当生命受到威胁时，你别无选择。自诞生以来，MP5冲锋枪优良的性能已经博得许多国家特种部队的青睐，它不仅成为了反恐力量的一种象征，也是公认的世界名枪。

诞生背景

1954年德国开展了与制式步枪不同的制式冲锋枪试验。著名的HK公司参加了这次试验，并在这次试验的基础上，设计了使G3步枪小型化的冲锋枪，命名为9毫米MPHK54冲锋枪。1965年，HK公司向有关军事部门公开了MPHK54，并向联邦国防军、边防警卫队和各州警察提供试用的样枪。1966年，边防警卫队将试用的MPHK54冲锋枪命名为MP5。这个试用名一直沿用到现在，成为MP5产品的正式名称。

▲ MP5K

▲ MP5SD3

在MP5K的基础上，安装有右侧折叠式塑料枪托

▲ MP5K－PDW

★聚焦历史★

1980年5月，英国空降特勤队在营救伊朗大使馆人质行动中也使用了MP5。当时几十名队员借助昏暗的夜色，手持MP5冲锋枪发起突袭。强大的火力让恐怖分子无法招架，6人被当场击毙，只有一名混在人质中免于一死。

名声大噪

20世纪80年代，美国轻武器装备服务规划办公室需要为特种部队寻求一种性能可靠的9毫米冲锋枪，经过多番对比试验，最后选定HK公司生产的MP5冲锋枪。就这样，MP5从美国获得大量的订单，首先是军方的特种部队，然后是各地的执法机构。

▲分解状态的 MP5 冲锋枪

优越的性能

MP5 性能优越，特别是它的射击精度相当高。这是因为 MP5 采用了与 G3 步枪一样的半自由枪机和滚柱闭锁方式。MP5 的连发后坐力非常低，即使单手使用也不成问题，将枪托顶在肩上也几乎没有感觉。

恐怖分子的克星

对付恐怖分子的攻击使 MP5 名声大噪。1977 年 10 月 17 日，德国反恐怖特种部队在摩加迪沙机场的反劫机作战中使用了MP5，4 名恐怖分子都被击中，其中 3 名当场死亡，1 名身负重伤，近 80 名乘客得到营救。

MP5K

20 世纪 70 年代是都市游击战的疯狂年代，恐怖分子袭击重要人物时多采用火力猛烈的冲锋枪和突击步枪。而保护要员的警卫同样需要火力猛烈的全自动武器，而且因出入公众场合，这种武器还需要像半自动手枪那样可以隐藏在衣服下，避免引人注目。1976 年 HK 公司推出的短枪管 MP5K，就是在这种背景下产生的。由于 MP5K 的枪管缩短，因此护木也相应缩短，为了使枪便于握持，还在其枪管下方安装了垂直的前握把。而为了小型化，它还没有枪托。

▼MP5 冲锋枪是重要的反恐武器之一

未来的冲锋枪

尽管小口径短突击步枪的装备使冲锋枪的作战地位受到了挑战，但是随着单兵自卫武器等新型冲锋枪的研制成功，冲锋枪在战场上仍然会占有一席之地。未来的冲锋枪将继续保持其火力猛烈、结构简单、使用方便和制造简易等特点，向着微型化、枪弹化和系列化方向发展，并且还会在新结构和新材料方面有进一步的突破。

可调节高低和风偏的柱形准星

前部分暴露在机匣外，可兼作上膛推柄

扳机护圈的前部可以兼作前握把

PP2000 冲锋枪有两种弹匣，一种是20发，另一种是40发

发展方向

未来冲锋枪的发展方向：重点发展轻型冲锋枪；全力发展冲锋枪和手枪通用弹药；采用大容量供弹具；提高连发精度；向系列化、多功能化发展。总之，未来的冲锋枪将会更轻便、灵巧、准确，火力更加密集，从而成为突击作战的一件利器。

必然趋势

为减少后勤供应的困难，提高弹药的互补能力，冲锋枪和手枪枪弹通用化已成为枪弹发展的必然趋势。然而，现在还没有一种能够完全取代其他枪弹的通用枪弹出现，在选择枪弹口径方面依旧存在着不同的意见。其中一种主张选用 9 毫米帕拉贝鲁姆手枪弹，另一种则主张选用高速、轻弹头、小口径枪弹作为通用枪弹。

特种兵正在使用 PP2000 冲锋枪执行任务

大容量供弹具

由于大容量供弹具能发挥冲锋枪火力密集而猛烈的特点，因此各国纷纷着手大容量供弹具的研制工作。目前已经研制成功的新式大容量供弹具有隔离式4排弹匣和螺旋式弹匣。其中，隔离式4排弹匣容弹量为30发和50发两种，而螺旋式弹匣容弹量为50发和100发两种。

▲ MP7A1 冲锋枪

P90型单兵自卫武器

P90型单兵自卫武器因轻便、结实、射击精度高、火力猛等特点，受到了特种部队和各国警方的青睐。1992年P90正式投产，P90成为了世界上第一支单兵自卫武器。P90外形设计新颖独特，采用无托"直线"结构，使后坐力直接沿枪管轴线传递到射手肩部，便于控制武器，握把和手挡等人机功效好，配合效果合理，感觉舒适，使用顺手。

▼ P90单兵自卫武器外貌

寻根问底

冲锋枪如何实现多功能化？

许多冲锋枪已经发展成为系列产品，如德国HKMP5、美国汤普森等系列冲锋枪。在同一系列产品中，在基本型的基础上，通过不同尺寸、枪托形式、膛口装置、枪管和配用弹药，实现系列产品的多功能化。

单兵自卫武器

随着军事技术的发展和现代战争形式的需要，一种兼有手枪般携带方便、冲锋枪般火力猛烈、短突击步枪般威力强劲的特点，同时还要有较高的命中概率、操作维护保养简单的新武器便出现了——单兵自卫武器。单兵自卫武器是近年来出现的一个新概念武器，最初是在1986年美国战备协会举办的一次年会上提出来的。其结构特点和作战效果接近冲锋枪，但威力又比冲锋枪大，如比利时FN公司研制生产的P90单兵自卫武器、德国H&K公司的MP7型单兵自卫武器。

▶ 手持P90的特种兵

其他轻武器

众所周知，手枪、步枪、机枪、冲锋枪是我们常见并熟知的轻武器。其实，除了它们以外，随着科技的不断发展，轻武器家族中还增加了霰弹枪、防暴枪、信号枪、榴弹发射器、喷火器、手榴弹等其他一些特殊的成员。它们都是为了满足军事装备中的不同需要，实现不同的作战目的而产生的。与常规的枪械相比，这些成员往往威力巨大、作用特殊，具有枪械所不可替代的战术功能，因此是轻武器家族中所不可缺少的成员。

特种枪

枪是世界武器库中的宠儿，尤其是特种枪，在战场上也发挥着重要的作用。所谓“特种枪”，是指那些为特殊用途设计、具有特别功能的枪。在特殊的战场上，它们发挥着特殊的作用，因而也格外引人关注。由于用途特殊，特种枪的种类最为繁多，如匕首枪、折叠枪、毒伞枪、钥匙枪、手杖枪、香烟枪、打火机枪和钢笔枪等。

戒指枪

戒指枪很像一件笨重的首饰，实际上它的突起部分暗藏一把微型手枪，能发射直径5毫米左右的步枪子弹，射击后枪管缩进戒指。该戒指枪有两种型号，相互不通用，一种发射普通子弹，另一种发射催泪子弹。

戒指手枪

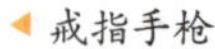

戒指手枪

毒伞手枪

1978年9月，前保加利亚文化参赞马科夫在伦敦的大街上被人暗杀。凶器是一种“毒伞手枪”，它的外形与普通雨伞相似，但伞的内部装有扳机、操纵索、释放扣、活塞式击锤、气瓶、枪管等发射装置。扳机开关在伞把上，只要把伞尖对准某人，扣动扳机，就会发射出一颗直径只有1.52毫米、装有2~3毫克蓖麻毒素的毒弹，将人置于死地。

毒伞手枪

FP45“解放者”信号枪

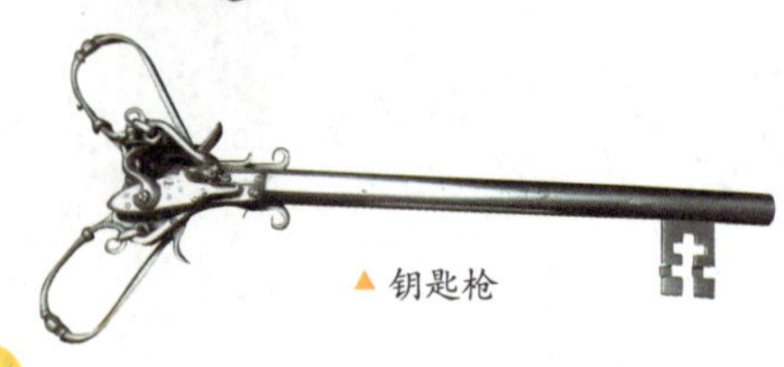

钥匙枪

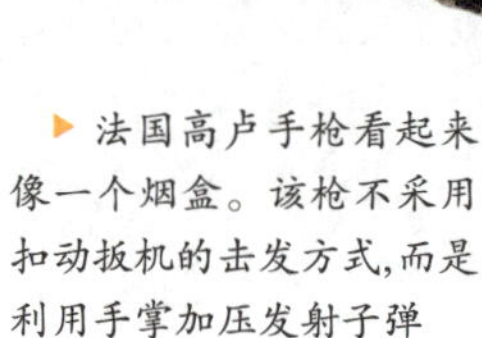

法国高卢手枪看起来像一个烟盒。该枪不采用扣动扳机的击发方式，而是利用手掌加压发射子弹

▲ 匕首手枪

匕首手枪

匕首手枪是一种与匕首结合在一体的手枪。这种枪的前端是一把匕首或枪刺，手枪的枪管、弹匣和击发装置均设计在匕首的握把之中，是一种近距离和贴身格斗的利器。苏联中央精密机械研究所就曾推出了一种7.62毫米匕首手枪，其主要用于近距离格斗和杀伤近距离有生目标。

寻根问底

特种枪具体有哪些特殊的用途？

特种枪是非常规枪械，用于暗杀、防卫和收藏，主要被各国军事、安全、情报、警察部门及个人使用，也被各种武器收藏组织或个人所收集。大多数特种枪外观伪装，具有隐蔽性好的特点。

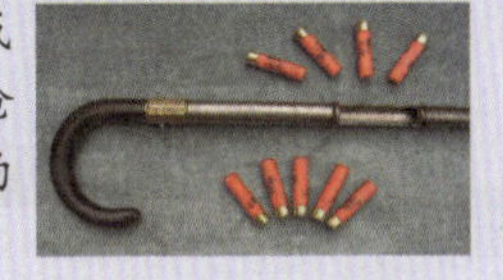

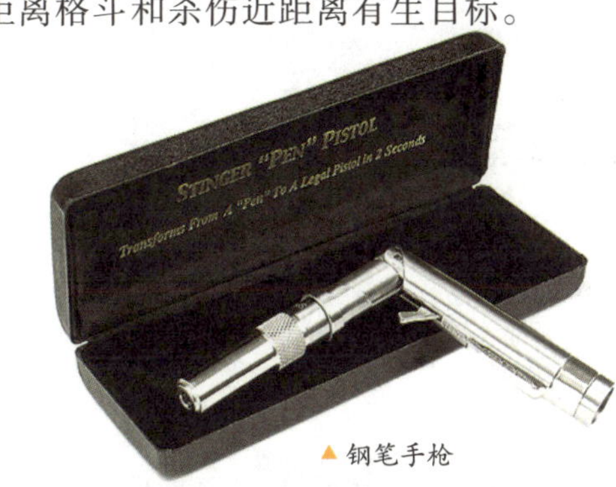

▲ 钢笔手枪

钢笔枪

很早以前，就有俄罗斯人试图将手枪和钢笔组合成一个隐蔽的杀人利器。19世纪中期，前装式的钢笔枪问世了，但是由于整体体积太大，既不适合书写，也不适合射击，因此未能得到推广。随着现代枪械技术和子弹工艺的进步，钢笔枪做得越来越小巧，越来越精致。这类手枪的主要特点是携带方便、不易被人注意，是一种防身、特别是暗杀的特型手枪。在20世纪前60年间，钢笔枪曾盛行半个多世纪。后来，钢笔枪被其他间谍手枪所替代，成为博物馆的展品。

▲ 钢笔手枪与子弹

▲ 太平洋舰队为纪念二战胜利50周年而制造的手枪

纪念手枪

手枪是枪械中的艺术品，多给人冷酷和生硬的印象，是一种冷酷的美，它的样式最为多样化，长的、短的，五花八门，形态各异。人类为了纪念某个战争纪念日或者纪念某位枪械大师，有时也会生产一些限量版的纪念手枪。从此，手枪从战场走入了收藏家的殿堂。当你接触到这些高贵典雅的纪念手枪之后，也会为它的艺术性所折服。

霰弹枪

霰弹枪是一种无膛线(滑膛)并以发射霰弹为主的枪械,具有较大口径和粗大的枪管,外型、大小与半自动步枪相似。作为军用武器,霰弹枪已经有相当长的历史了,自从热兵器问世后,它就开始装备军队。在两次世界大战中,霰弹枪都曾发挥过较好的作用。在特种战斗中,霰弹枪更是有着其他武器不能完全代替的重要作用。

最早的雏形

霰弹枪问世于17世纪末期,燧发枪是它的最早雏形。起初霰弹枪是无膛线的鸟铳,虽然精度较高,但重新装弹速度慢,所以军队仍然是以滑膛枪为主力。专门用来发射霰弹的霰弹枪到18世纪才出现,而且只限于用来射击快速移动的空中目标,如飞鸟。

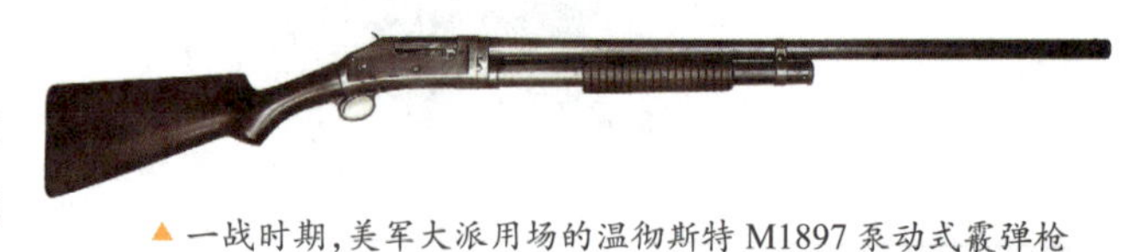

▲ 一战时期,美军大派用场的温彻斯特 M1897 泵动式霰弹枪

▲ 温彻斯特 M1912 泵动式霰弹枪是有史以来第一种真正成功地大量生产的内置式击锤泵动式霰弹枪。美国军队曾经在一战、二战、朝鲜战争和越南战争的初期使用过各种版本的M1912

在战争中发展

在一战时,手动步枪比同期的手枪射速慢且不太适合堑壕战,军队就迫切需要一种可以手持着冲锋或防御阵地的枪械,其必须要能够在极短时间内抛射出多个弹头。于是,霰弹枪成为一战的单兵常用武器之一。历经二战的霰弹枪也曾发挥了重要作用。二战以后,人们对其进行了不断的改进,从而使它得到了长足发展。

◀ 一名美国海岸警卫队队员手持雷明登 870 泵动式霰弹枪

▲ 携带 12 发霰弹的 Kel-Tec KSG 泵动式霰弹枪

军用霰弹枪

军用霰弹枪是一种在近距离以发射霰弹为主、杀伤有生目标的单人滑膛武器，又被称为战斗霰弹枪，特别适合于特种、守备、巡逻和反恐怖部队在防暴行动、突发以及近距离的战斗中使用。现代军用霰弹枪的外形和内部结构都非常类似于突击步枪，枪体基本由滑膛枪管、自动机、击发机、弹仓、瞄准装置以及枪托、握把等组成。按射击方式分为半自动霰弹枪和自动霰弹枪，供弹方式有泵动弹仓式、转轮式、弹匣式三种。

战术使命

由于霰弹枪的射程在 100 米左右，因此特别适用于丛林战、山区战、城市战及保护机场、海港等重要基地和特殊设施。霰弹枪还具有在近距离上火力猛、反应迅速，以及面杀伤的能力，所以在夜战、遭遇战及伏击、反伏击等战斗中能大显身手。此外，霰弹枪的大口径可以用来发射各种非致命性弹药，如鸟弹、催泪弹等，也能发射低初速高能量实心弹头，用来破坏整道门、窗、木板或较薄的墙壁，因此成为特种部队重要的破门工具。

寻根问底

霰弹枪的发展趋势是什么？

随着霰弹枪在未来战场上使用范围的不断扩大，可能遇到的目标也会多种多样，单一用途的霰弹枪将满足不了作战使用要求。因此，大力发展多用途战斗霰弹枪，是各国在霰弹枪领域中研制、开发的一个重点。

▲ AA12 自动霰弹枪

AA12 自动霰弹枪

AA12 霰弹枪是美国的一款拥有极强近战能力的自动霰弹枪，配有 22 发和 32 发的弹鼓，在中等距离上也能发挥出压倒性的实力。该枪的主要部件为不锈钢精密铸件，除了枪声较大外，发射 12 毫米口径霰弹也很轻松，甚至单手射击也不成问题。

▶ 美国海军陆战队在训练莫斯伯格 500 泵动式霰弹枪。莫斯伯格 500 泵动式霰弹枪除了在美军享有盛誉以外，也受到民间射击爱好者的青睐

防暴枪

防暴枪是一种主要用于杀伤近距离目标，制服暴徒或驱散骚乱人群的单人用武器。警用防暴枪由于能发射霰弹、催泪弹、致昏弹等低杀伤性弹药，因此一直是世界各国警察、治安和执法部门使用的主要防暴武器。其中，霰弹枪适用于近战和密集射击的反伏击战的特性，使其也成为一种特殊的防暴枪。

与军用枪的区别

防暴枪与军用枪之间最主要的区别是弹药区别，防暴枪的初速为200~360米/秒，以制动为主。军用枪初速为660~1200米/秒，主要用于杀伤目标。防暴枪还有躯赶、染色、捕捉功能。

英国阿文37毫米防暴枪

主要目的

其实，防暴枪就是使用非致命性弹药的霰弹枪，它的主要目的是非杀伤，以威慑为主，所以防暴枪中大口径武器比较多。它在使用当中一般不会致命，而且打击部位也只是在腰部以下，不过近距离打到要害，也能致命。而普通的军用枪，发射的都是致命的金属子弹，而其中一般的军用霰弹枪，除了长度不同之外，也能作为防暴枪使用。

防暴枪成为各国警察维持国内治安和防止暴乱的首选武器

▲ 催泪弹

▲ 正在装填催泪弹的警察

▲ 霰弹

作用范围

防暴枪配用的弹种有杀伤弹、动能弹、痛块弹和催泪弹等不同的类别。由于该类枪支具有设计合理、性能先进、作用可靠、使用方便的特点，因此主要用来装备军队，也是执法、保安押运、边防警察及其他特警的主要选择之一。大多数国家主要将防暴枪作为防暴武器和特种武器装备警察及特种行动队，但也有不少国家将其作为一种军用武器装备，用于执行作战任务。

见微知著 动能弹

动能弹是依靠弹头或弹头破片的动能打击目标，对目标造成损伤或毁坏的弹药，如军用普通枪弹、警用橡胶弹、痛块弹等。痛块弹是一种非致命杀伤霰弹，一般用木块、塑料、橡胶以及泡沫等非金属材料作杀伤体，给对方造成剧痛。

发展趋势

为了满足未来战场环境和作战对象复杂多变的需要，提高霰弹枪的战斗力，就必须开发出多种新型的弹药系列以及通过更换枪管、拆卸枪托的方式发射不同口径的弹药。例如，美国的步枪与霰弹枪合一的武器，就是霰弹枪最新发展的一个方向。同时，为了适应不同的需要，防暴枪及其弹药的发展要求多样化，既可发射低杀伤防暴弹，又可发射远程侵彻弹、动能弹和手榴弹，还可发射信号弹和照明弹等。

防暴枪子弹

防暴枪子弹是用高强度塑料做弹身，下部分是铜制底火，根据用途和型号装上弹药，上部分装填弹丸。如果打猎、体育比赛或者练习使用细小的弹丸，实战用直径7.62毫米的铅丸，还有以远射为目的的单个铅弹头。

▼ FN 303是比利时设计和生产的一种半自动非致命性武器。FN 303发射的专用弹药是经过特别设计的，受到冲击后立即碎裂，以消除因为子弹的贯穿力而受到重大伤害的风险

信号枪

信号枪作为一种特殊武器，一般采用手枪的形式向空中发射红、白、绿等不同颜色的信号弹。作为军事辅助装备的信号枪，主要用于夜间战场上小范围的信号、照明与观察，指示军事行动或显示战场情况以帮助战士做出正确判断，因而它是一种必不可少的装备。此外，信号枪还可用于和平目的，比如海上或沙漠搜索、营救以及夜航管理等。

▲ 一战时期的信号枪

信号枪的发明

信号枪由美国海军爱德华·威利发明，并于1877年在美国正式注册专利。因此，信号枪有时也被人们叫作威利枪。其实，威利最初发明信号枪是为了方便船只在遇险时发出求救信号，后来信号枪才被人们扩展到发射照明弹和枪榴弹等军事用途。

发展历史

信号枪的口径往往超过20毫米，是一种特殊口径的枪械。在一战中，信号枪开始应用。二战后，随着使用要求的提高和信号、照明技术的发展，又逐步出现了结构更为简单、轻小以及携带、使用更方便的钢笔式微型信号枪及各种简易的发射器。20世纪70年代后，随着榴弹发射器、防暴枪在军警中的应用，又出现了用于这类武器发射的信号弹和照明弹。

▲ 二战时期，一位伞兵空投后，用信号枪发出白光信号

▼ 信号枪及所用的弹药

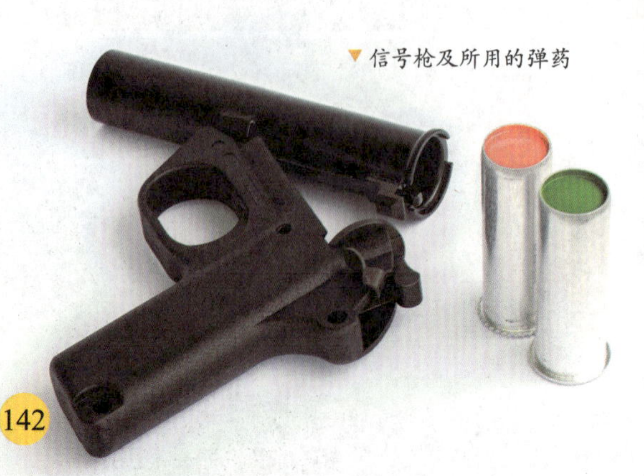

不同颜色的弹药

信号枪可发射呈现不同颜色效果的弹药。信号手枪、钢笔式微型信号枪及其他各种信号枪发射的弹药既有单星与多星、带降落伞与不带降落伞之区别，呈现的颜色也有红、黄、绿、白等多种，而且具有一定的射高、持续发光时间及发光强度。弹药被发射后呈现的颜色是区别信号种类的主要因素。白光信号一般属于非紧急情况信号；红光信号表示情况紧急，而这种红色是硝酸锶特有的颜色。

▲ 信号枪的弹药

▲ P2AI 信号手枪

目前装备

目前，世界各国军警使用的小范围信号枪或照明器材，主要是信号手枪和手持发射的信号弹或照明弹(火箭)。防暴枪及榴弹发射器发射的信号弹和照明弹在特种部队及警察中也普遍使用。钢笔式信号枪及其他简易发射器，仅作为个人(军队及民间)遇险时发射求救信号使用。

德国信号手枪

P2AI式26.5毫米信号手枪是德国研制生产的一种单发、撅把式手枪，可用于发射信号弹或照明弹，加装接合器后也能发射催泪榴弹。该枪已装备德国和瑞士武装部队使用，并向其他许多国家出口。P2AI 式 26.5 毫米信号手枪重量轻、结构简单，操作与维护简便，制造工艺先进，外形尺寸小，动作可靠。

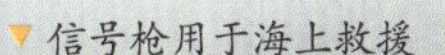

▼ 信号枪用于海上救援

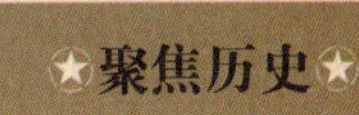

聚焦历史

手持发射的信号照明弹或照明火箭，也是在20世纪70年代中期开始应用的。这种一次性使用的信号系统，以现代工程塑料的发展为基础，不仅重量轻、结构简单，而且生产成本还比较低，因此它的使用也十分广泛。

榴弹发射器

榴弹发射器是一种发射小型榴弹的轻武器。因其体积小、火力猛，还具有较强的平面杀伤威力和一定的破甲能力，所以主要用于毁伤开阔地带和掩蔽工事内的有生目标及轻装甲目标，并为步兵提供火力支援。正是由于榴弹发射器在现代战场上所发挥的独特作用，它不仅在与其他轻武器的竞争中脱颖而出，还被广泛地应用于军事装备和作战中。

发展历程

最早的榴弹发射器出现于16世纪末期，但发展缓慢。一战时，出现了发射手榴弹的掷弹筒。后来，才有了发射专用弹药的掷弹筒，精度也有了提高，有的射程可达600米。到了二战末期，德军在信号枪上加装折叠枪托，可抵肩发射小型定装式榴弹，至此榴弹发射器的发展才逐步走向成熟。

▲19世纪的榴弹发射器

▼美国M32多重射击枪榴弹发射器。该发射器是一种6管肩射式武器，射速为2发/秒，它将逐步取代美军的M203枪榴弹发射器

榴弹发射器的分类

榴弹发射器是采用枪炮原理发射小型榴弹的短身管武器，其口径一般为20~60毫米。因其外形和结构酷似步枪或机枪，通常也被称为榴弹枪或榴弹机枪，而有些榴弹发射器由于与迫击炮相似，因此还被称为掷弹筒。榴弹发射器按使用方式，可分为单兵榴弹发射器、多兵榴弹发射器和车（机）载榴弹发射器；按发射方式，可分为单发榴弹发射器、半自动榴弹发射器和自动榴弹发射器三种类型。

M79 榴弹发射器

20 世纪 50 年代后期，美军研制出一种外形类似霰弹枪的单发榴弹发射器，即 M79 榴弹发射器。M79 榴弹发射器首次出现是在越南战争中。它能够发射多种不同用途的 40 毫米榴弹，包括高爆弹、人员杀伤弹、烟幕弹、鹿弹、镖弹、照明弹和燃烧弹。

▲ M79 榴弹发射器

▲ 越南战争中一名手拿 M79 榴弹发射器的男孩

聚焦历史

20 世纪 70 年代，中国开始小型榴弹发射器的研究。通过仿制美制 M79 和苏制 AGS17 榴弹发射器及其弹药，80 年代初，中国自行研制出具有中国特色的榴弹发射器，即 QLZ87 式 35 毫米自动榴弹发射器。

自动榴弹发射器

20 世纪 70 年代以后，出现了各种自动榴弹发射器，如美国 40 毫米 M174 式和 MK19 式等。自动榴弹发射器的结构大体与机枪相似，也被称为榴弹机枪。人力携行使用的自动榴弹发射器多装两脚架或三脚架，有的还可以离架手持发射。而装在车辆、舰艇、直升机上的设有专用架座，一般采用弹链或弹鼓供弹。

◀ 美国 MK19 榴弹发射器是一款全自动型榴弹发射器

▲ MK281 教练弹

配备弹药

榴弹发射器可配用杀伤弹、杀伤破甲弹、榴霰弹以及发烟、照明、信号、教练弹等。榴弹一般配触发引信，也有的配反跳或非触发引信。例如，美国 M433 式杀伤破甲弹，就配有触发引信，密集杀伤半径可达 8 米以上。有的国家还利用弹射原理，研制了能抵地曲射、微声、无光、无烟，并能联装齐射的新型榴弹发射器。

喷火器

喷火器也叫火焰喷射器，是一种喷射火焰的近距离攻击武器。喷火器所喷出的燃烧液柱能够跳跃、飞溅，甚至可以拐弯，而且其燃烧会消耗大量的氧气并产生有毒烟气，能使工事内的人员窒息。它主要用于攻击火力点，消灭防御工事内的有生力量，杀伤和阻击冲击的集群步兵。因此，在山地、岛屿等作战中，喷火器可以发挥更大的作用。

原始雏形

8 世纪中期，希腊人就发明了一种称为"希腊之火"的纵火剂，并首次应用于实战。几年后，由拜占庭人制造的名为"拜占庭液火喷射器"的喷火兵器，更是击退了阿拉伯人的进攻。在中国，南北朝的石油火攻、五代时期的"喷火"以及北宋初年的"猛火油柜"都被认为是现代喷火器的原始雏形。

▲ 8 世纪拜占庭手稿所描述的"希腊之火"

寻根问底

喷火器的发展方向是什么？

目前，喷火器的发展方向仍是火焰弹式和液柱式并举。液柱式喷火器主要是改进结构和减轻重量，并改进油料以增加射程；火焰弹式喷火器则改进装料，以使弹体接触目标后大面积散布，提高燃烧温度和时间。

装备部队

1900 年，德国人 R.菲德勒发明了第一支现代喷火器。由于菲德勒喷火器具有携带不便、射程太近、威力不够大的缺点，所以这种喷火器后来被多次改进。1912 年，德军装备了携带式喷火器，并成立了由 48 名专职消防兵组成的喷火分队。这是世界上最早的正式装备喷火器的部队，也是世界上第一支喷火兵分队。

车载喷火器

喷火器的分类

喷火器按重量可分为便携式喷火器和重型（车载式）喷火器。便携式喷火器体积小、重量轻，可借助背具由单兵背负，喷射次数少，最大射程为40~80米。重型喷火器的体积和质量都相对较大，一般装在车辆上或拖车上，其射程普遍比轻型的远，喷射次数也多。按发射动力原理，喷火器也可以分为压缩气体式喷火器与火药式喷火器。前者采用压缩气体做压力源，后者采用火药燃烧产生的高压气体做压力源。

现代喷火器

现代喷火器有机械喷火器和单兵喷火器，主要由油瓶、压缩装置、输油管、点火装置和喷火枪组成。现代喷火器存在着多种多样的设计模式，它们各具特色，性能也不尽相同。自20世纪70年代以来，美、苏等国家发展出一种具有射程远、重量轻、发射速度快等优点的火焰弹式火焰武器，其中的典型代表就包括美国的M202式喷火器。

POKC式喷火器

1939年，苏联对之前生产的一种T型喷火器进行了改进，产生出POKC1式喷火器。后来，在使用过程中苏联人又针对POKC1式存在的缺点，对其加以改进，产生了POKC2式喷火器。然而，POKC2式装备时间不到两年，更为先进的POKC3式便已问世。

便携式喷火器

火焰喷射器的杀伤力相当巨大，对于敌军具有强大的心理威慑力

火 箭 筒

火箭筒是一种发射火箭弹的便携式反坦克武器，主要发射火箭破甲弹，用于近距离打击坦克、装甲车辆、步兵战车、装甲人员运输车、军事器材和摧毁工事，也可用来杀伤有生目标或完成其他战术任务。由于它操作方便，具有重量轻、结构简单、价格低廉、使用方便的特点，因此在历次战争的反坦克作战中发挥了重要的作用。

构成与分类

火箭筒一般由火箭弹和发射筒两部分构成，在发射筒上装有瞄准具和击发机构。射击时，火箭弹依靠自身发动机推进，几乎不产生后坐现象。火箭筒按照发射使用和包装携行方式可以分为发射筒兼做火箭弹包装具，打完就扔的一次使用型和弹、筒分别包装携行的多次使用型；按发射推进原理还可以分为火箭型和无坐力炮型。

▼士兵正在使用 M72 火箭筒进行射击练习

雏形出现

火箭技术具有悠久的发展历史。中国明朝万历二十六年(1598 年)，发明家赵士桢制作了一种名为“火箭溜”的火箭发射装置，该装置可赋予火箭一定的射向和射角，是现代火箭发射装置的雏形。

巴祖卡

1942 年，美国装备了 60 毫米 M1 式火箭型火箭筒。美军士兵因其很像一种叫巴祖卡的喇叭状乐器，即称它为“巴祖卡”，这个俗称后来在欧美成了对火箭筒的习惯称呼。巴祖卡采用两端开启的钢质发射筒，靠弹内火箭发动机产生的推力推动火箭弹运动，发动机排出的火药燃气从筒后喷出，使武器无后坐力。

二战期间，美军士兵的 M1 式火箭型火箭筒

“铁拳”无坐力炮型火箭筒

与巴祖卡一起出现在二战战场上的另一种反坦克火箭筒，是“铁拳”无坐力炮型火箭筒。1942 年，德国人兰格韦勒成功设计出了铁拳 100 式 30 毫米火箭筒，随后便被大批生产并装备于部队。

RPG 火箭筒

RPG 火箭筒是苏联研制的一种能发射火箭弹的便携式反坦克武器，主要用于近距离作战，打击坦克、装甲车辆和摧毁工事等军事目标。它不仅坚实耐用、可靠性高，而且结构简单、灵活方便，价格也相当便宜，因此被很多第三世界国家的军队或反政府武装部队都广泛使用。

聚焦历史

20 世纪 70 年代以后，尽管反坦克导弹迅速发展，但火箭筒仍是近距离主要反坦克武器之一。在 1973 年第四次中东战争中，埃及军队使用 RPG 火箭筒和其他反坦克武器相配合，给以色列的装甲部队沉重打击，取得颇为可观的战果。

改进和发展

在军队装备中，对火箭筒改进和发展的需求逐渐增大。20 世纪 50 年代，火箭筒在技术上得到了进一步的发展，典型产品有美国的 M20 式等。到了 20 世纪 60 年代，第二代火箭筒在科学技术运用上，新原理、新材料和新工艺被广泛应用。其中，两截式和弹筒合一结构的火箭筒，以及多管火箭筒的发展使得火箭筒的种类以及技术含量更为先进。而且，火箭弹也发展为包括破甲弹、杀伤弹、发烟弹等多种弹药。70 年代各国研制的第三代火箭筒以增大威力为主，随后又逐渐出现了轻型和重型火箭筒同时发展的局面。

在雪地里使用“铁拳”无坐力炮型火箭筒的士兵

枪榴弹

枪榴弹是用枪和枪弹发射的一种超口径弹药，发射装置则是临时装在枪口或将枪口做成适于发射枪榴弹的装置。它由弹体、引线、弹尾组成，是步兵近距离使用的点面杀伤武器，主要用于杀伤有生目标，摧毁各种轻型装甲目标、永久火力点等野战工事。枪榴弹的装备使用大大提高了步兵在现代战场上对付点、面目标和反装甲的作战能力。

枪榴弹的分类

枪榴弹可以分为杀伤型和反装甲型两大类型。杀伤型枪榴弹一般重200~600克，杀伤半径为10~30米，最大射程为300~600米；反装甲型枪榴弹一般重500~700克，直射距离为50~100米，垂直破甲可达350毫米，可穿透1 000毫米厚的混凝土工事。按枪榴弹与发射装置匹配的不同，它又可以分为尾管式枪榴弹、尾杆式枪榴弹、全入式枪榴弹、环翼式枪榴弹和弹筒合一式枪榴弹。

▶ 装有尾杆的改装手榴弹

枪榴弹的出现

枪榴弹最早出现在16世纪末期，到了17世纪，便有了用黑火药发射的枪榴弹。20世纪初，枪榴弹还是利用手榴弹加尾杆，直接插入枪口，用空包弹发射的。后来才出现在枪口安装发射筒发射的专用枪榴弹。20世纪50年代后，枪榴弹不断得到改进，能以枪口兼作发射具，弹上带瞄准具，使用实弹就可发射。

重大改进

20世纪60年代初，随着装甲目标的发展，各种破甲枪榴弹也相继出现。70年代初，枪榴弹在结构、发射方式、使用材料等各方面都有了重大改进。尤其是捕弹器的出现，战斗部结构的改进，引信的更新，火箭增程技术以及新材料与非金属材料在枪弹上的应用，更使枪榴弹在提高威力、扩大用途、增大射程、简化操作和降低成本等方面都有了显著提高。

▲ 一名步兵将一枚22毫米榴弹装在由M1加兰德步枪所使用的M7枪榴弹发射器上

见微知著　**引信**

引信又称信管，指装在炮弹、炸弹、地雷等上面的一种引爆装置，是利用目标信息和环境信息，在预定条件下引爆或引燃弹药战斗部装药的控制装置。枪榴弹大都采用机械引信，压电引信和电子引信等。

▲一名士兵正在用M1式半自动步枪发射M31式反坦克枪榴弹

发展趋势

当前枪榴弹的主要发展趋势：弹的重量减轻，弹种系列化；采用实弹发射，简化操作程序；改进发射方式，增大有效射程；应用新技术，探索新结构。总之，它会逐步向着轻量化、系列化、多用化、标准化的方向发展。

装备情况

根据不完全统计，目前世界上有40多个国家装备使用枪榴弹。美国自20世纪50年代装备使用M31式66毫米破甲枪榴弹之后，再没有发展新型枪榴弹。直到80年代中期，由于比利时伸缩式枪榴弹的出现，美军对使用枪榴弹的态度才有所改变。西欧一些国家是发展和装备枪榴弹最多、最广的国家，其中以比利时、法国最为突出。另外，以色列对枪榴弹的发展也很重视，推出了IMIBT枪榴弹系列。

▼美军士兵正准备用M249班用自动武器发射枪榴弹

手榴弹

手榴弹是一种能攻能防的小型手投弹药，也是使用较广、用量较大的弹药。它具有体积小、重量轻、结构简单、造价低廉、操作简单、使用方便、弹种齐全、用途广泛等特点，既可以用于防守和攻击，还能破坏坦克和装甲车辆等大型武器装备，因此曾在历次战争中发挥过重要作用，也成为现在和未来单兵作战必不可少的武器之一。

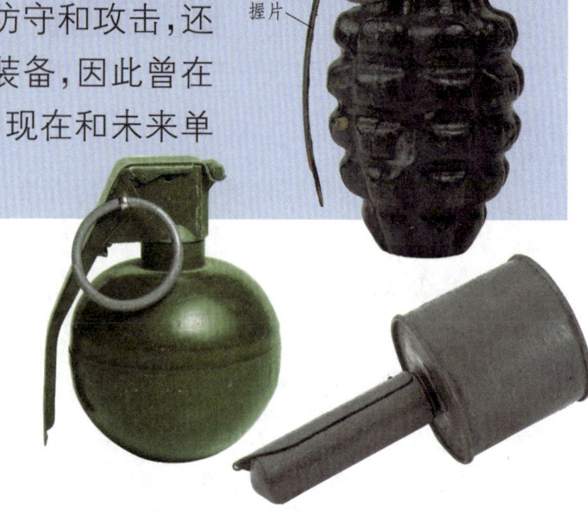

▲ 各种手榴弹

▼ 士兵抛掷手榴弹

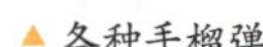

手榴弹的雏形

宋朝时，中国就出现了被称为“火球”或“火炮”的火器，其原理与现代手榴弹相同。1044 年出版的兵书《武经总要》中，记载有霹雳火球、毒药火球、烟球、引火球等多种可手投弹药，这可以看作是最早的手榴弹雏形。

欧洲的手榴弹

15 世纪，欧洲出现了装黑火药的手榴弹，当时主要用于要塞防御和监狱。到了 17 世纪，欧洲人发明了一种叫作“手榴弹”的投掷兵器，曾经盛极一时。当时的欧洲，几乎所有的军队都组建了一支专门投掷手榴弹的兵种，称为掷弹兵。因为 17~18 世纪时期的欧洲手榴弹的榴弹外形和碎片有些像石榴和石榴子，所以被称为“手榴弹”。尽管现代手榴弹的外形有的是柱形，有的还带手柄，其内部也很少装有石榴子样弹丸，但仍沿用了以前的名称。

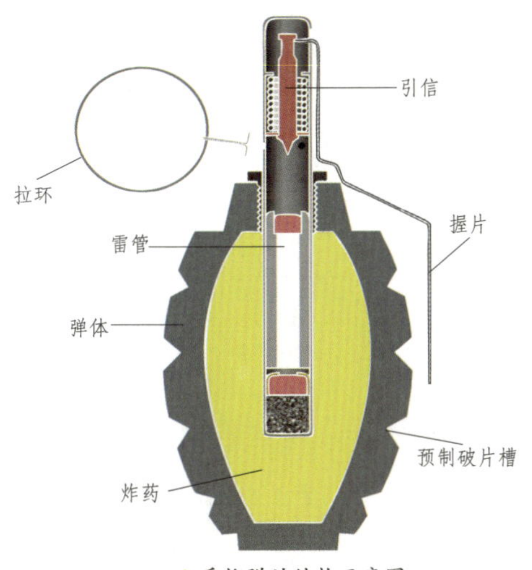

▲ 手榴弹的结构示意图

手榴弹的结构

手榴弹基本上由弹体、装药和引信三部分组成。弹体可由金属、玻璃、塑料或其他适当材料制成，主要用于填装炸药。装药可以是TNT炸药，也可以是其他种类的炸药，如催泪瓦斯、铝热剂等化学制剂。引信是引爆或点燃装药的一种机械或化学装置，主要有起爆引信和点火引信两种。

种类繁多

现代手榴弹不仅可以手投，还可以用枪发射。手榴弹发展到今天，不但种类繁多，而且用途广泛。如今世界各国军队几乎都装备和使用着不同品种、数量和对象的手榴弹。每种手榴弹都具有不同的性能，不同种类的手榴弹可以帮助士兵完成指定的不同任务。现在使用的手榴弹大致可分为4种类型：杀伤手榴弹、照明手榴弹、化学手榴弹（包括燃烧、发烟、反暴乱、眩晕等种类）和教练手榴弹。

▲ 烟雾弹的烟雾可以用于防御、隐藏

★聚焦历史★

一战结束后，各国都开始研制新的手榴弹，其中德国在1924年研制定型的M24式长柄高爆手榴弹最为出名，在二战中，M24被广泛应用，后来又以M24为基础研制了M39烟雾手榴弹和M43长柄手榴弹。

▲ 催泪弹

M26式手榴弹

M26式手榴弹是美国总结了二战期间手榴弹使用中出现的问题后，于1949年完成设计的一种较为典型的手榴弹，主要用于阵地防御和城市巷战。随后，在对M26手榴弹进行改进的过程中，又出现了M26A1、M26A2等型号的手榴弹装备于军队。

▲ M 26式手榴弹

▲ 闪光弹又称致盲弹、炫目弹或炫晕弹等，是一种以强光阻碍目标视力功能的一种手榴弹